国家自然科学基金青年科学基金项目(51804302)资助
国家自然科学基金面上项目(51674250)资助
国家重点研发计划项目(SQ2019YFC190273)资助

矸石充填体宏细观力学特性及充填综采支架围岩关系研究

黄志敏 著

中国矿业大学出版社
·徐州·

内容提要

液压支架-围岩-充填体之间的关系是综合机械化充填开采技术体系中最重要的问题之一，而研究充填体的性质是解决该问题的基础和保证。本书以矸石充填体的力学特性为基础，通过试验测试与数值模拟相结合的方法研究了矸石充填体的宏观性质对应的细观本质。在此基础上，利用理论分析、数值计算和相似材料物理模拟等方法，对综合机械化充填开采过程中的支架-围岩-充填体之间的关系展开了系统的研究。

本书可供力学、岩土领域从事颗粒物质力学和矿业领域从事充填开采研究的科研人员以及高等院校有关专业的研究生和高年级本科生参考使用。

图书在版编目(CIP)数据

矸石充填体宏细观力学特性及充填综采支架围岩关系研究／黄志敏著. —徐州：中国矿业大学出版社，2020.9

ISBN 978-7-5646-4808-4

Ⅰ.①矸… Ⅱ.①黄… Ⅲ.①煤矸石利用—关系—煤矿开采—充填法—研究 Ⅳ.①TD823.7

中国版本图书馆CIP数据核字(2020)第178508号

书　　名　矸石充填体宏细观力学特性及充填综采支架围岩关系研究
著　　者　黄志敏
责任编辑　褚建萍
出版发行　中国矿业大学出版社有限责任公司
（江苏省徐州市解放南路　邮编221008）
营销热线　(0516)83884103　83885105
出版服务　(0516)83995789　83884920
网　　址　http://www.cumtp.com　**E-mail**:cumtpvip@cumtp.com
印　　刷　江苏淮阴新华印务有限公司
开　　本　787 mm×1092 mm　1/16　**印张** 10.5　**字数** 200千字
版次印次　2020年9月第1版　2020年9月第1次印刷
定　　价　42.00元

前　言

煤炭生产中产生的大量固体废弃物，对地面生态环境造成严重破坏。随着综合机械化固体充填采煤液压支架的研制和不断改进，综合机械化固体充填开采的效率大大提高。一方面，采用该技术可以将煤矸石、粉煤灰等固体废弃物作为主要充填材料，直接充填至采空区，充填方式经济实用；另一方面，采用该技术，不仅可减少矸石的排放，做到随采随充，还能有效减缓开采沉陷，进行建筑物下压煤开采，保护土地资源，实现煤矿的绿色开采。因而，发展综合机械化固体充填开采技术，对提高煤矿综合生产效率、节约成本、保护矿区环境等方面都具有重要的意义。

在综合机械化固体充填开采技术中，有两个重要问题：一个是矸石充填体的力学性质，另一个是液压支架-围岩-充填体之间的力学关系。矸石充填体由破碎的岩石颗粒和土颗粒组成，是典型的非连续介质，其骨架单元的形态、颗粒间的连接方式及空间位置的排列决定了充填体的变形、结构强度和稳定性，继而影响上覆岩层的应力分布及变形。因而，从细观角度入手，研究充填开采过程中矸石充填体的工程力学特性，具有重要的工程意义和理论价值。液压支架-围岩-充填体之间的力学关系是综合机械化固体充填开采技术的核心内容，直接影响到开采效率和安全性。本书运用试验测试、理论分析、数值模拟和相似材料物理模拟等方法，研究了矸石充填体的宏细观力学性质，并对综合机械化固体充填开采过程中的支架-围岩-充填体之间的关系展开了系统的研究。主要内容包括：不同配比的矿渣混合料充填体和不同粒径的破碎矸石的侧限压缩和侧限压缩蠕变试验；矿渣混合料的侧限压缩和不同含石率的矸石充填体的双轴压缩的颗粒流离散元数值模拟研究；振动推压过程中支架-充填体关系的颗粒流模拟研究；综采密实充填条件下，基于弹性基础梁模型的支架-顶板岩梁-充填体的力学关系研究；充填开采的开挖、移架和充填过程的有限元模拟计算与采场覆岩变形和移动规律、矿压显现规律及充填采煤液压支架的应力分布规律研究；充填开采过程的相似模型试验研究；等等。

本书的研究工作得到了国家自然科学基金青年科学基金项目（51804302）、国家自然科学基金面上项目（51674250）、国家重点研发计划项目

(SQ2019YFC190273)的资助,得到了深部岩土力学与地下工程国家重点实验室和煤炭资源与安全开采国家重点实验室给予的科研支持,得到了导师和同事们的指导与帮助,在此一并表示感谢。

由于作者水平有限,书中难免有不足之处,敬请读者批评指正。

著　者

2020年1月于徐州

目 录

第1章 绪 论

1.1 研究背景和意义

随着中国新型工业化、信息化、城镇化和农业现代化的加快推进，矿产资源消费持续增长。2016 年，我国煤炭勘查查明资源储量 15 980.01 亿 t，全国一次能源生产总量为 34.6 亿 t 标准煤，能源自给率为 79.4%。同年，国土资源部等五部委发布实施了《关于加强矿山地质环境恢复和综合治理的指导意见》，积极推进了矿山地质环境恢复和综合治理的政策和制度创新。2017 年，我国煤炭查明资源储量增长 4.3%，新增 815.56 亿 t，勘查新增资源量超过 50 亿 t 煤田 3 处，国土资源部等六部委联合下发了《关于加快绿色矿山建设的实施意见》，明确了三大目标：一是基本形成绿色矿山建设新格局。新建矿山全部达到绿色矿山建设要求，生产矿山加快改造升级。实施百个绿色勘查项目示范，建设 50 个以上绿色矿业发展示范区。二是探索矿业发展方式转变新途径。三是建立绿色矿业发展工作新机制。树立了一批推进资源高效利用、综合利用、循环利用以及加强矿山生态环境保护、以科技创新引领绿色发展、矿地和谐发展共享资源开发收益的绿色矿山建设先进典型，取得了值得借鉴的经验。2018 年，煤炭新增查明资源储量 556.10 亿 t，煤炭产量为 36.8 亿 t，较上年增长 4.5%，连续多年居世界第一位。2019 年，自然资源部部署开展绿色矿山遴选工作。积极开展矿山生态修复，研究制定鼓励和引导社会资本投入历史遗留矿区生态修复的政策措施，积极争取中央财政奖补资金，落实国家重大战略决策，部署开展长江经济带、京津冀周边和汾渭平原等重点区域废弃露天矿山生态修复工作。各地通过规划、标准、政策的制定实施，谋划部署推进绿色矿山建设。生态文明建设对矿产资源勘查和开发提出了新要求，绿色矿山建设工作全面推进，生态国土建设水平稳步提高[1-3]。煤炭工业及煤炭资源的过度发展不可避免地引发了一系列环境问题，包括土地资源破坏和占用、水资源浪费和水环境污染、废气排放和大气污染、生态退化与破坏等。所以要实现煤炭的可持续发展，必须实现煤炭开采方式的根本转变，促进资源、环境、社会协调发展。钱鸣高院士结合我国社会进步与煤炭开采现状，提出了煤矿“绿色开采”和“科学采矿”的概念[4,5]，为我国煤炭科学开采的发展指明了方向[6-10]。

几十年来,在解决“三下”压煤问题方面,科研院所和煤炭企业做了大量的工作,研究了包括村庄迁移开采、条带开采、限厚开采、协调开采、离层带注浆开采、膏体充填开采等多种“三下”开采技术[11,12],使“三下”采煤技术整体水平有了较大的提高,很大程度上解决了“三下”压煤及其他特殊资源的回采问题。但由于这些技术不能与综采技术有机结合,甚至互相干扰,导致煤炭开采效率较低,充填材料成本及运行成本很高,因此,制约了这些技术的推广应用。2008年,中国矿业大学研发的综合机械化固体充填开采技术在邢台煤矿的成功应用,彻底改变了“三下”开采技术停步不前的现状,实现了建筑物下高采出率、高产高效、低成本的生产模式[13]。综合机械化固体充填开采技术是基于传统综合机械化开采工艺,在工作面回采过程中除正常进行煤炭开采外,增加了充填工艺,实现了同一支架下采煤与充填并举的生产工艺。该技术适用于和传统综采技术同类的采矿地质条件,虽然增加了生产系统改造和设备研发制造的工作,但较易实现沿空留巷,极大地提高了采出率,一方面解决了固体废弃物的堆积问题,另一方面还可以有效保护矿区环境和土地。该技术已在全国十几个矿区得到了推广应用,取得了巨大的社会经济效益,同时也在推广应用中得到了不断发展和完善[14,15]。

大量的工程实践对充填开采条件下的岩层控制理论和充填体的力学性质等基础研究提出了越来越高的要求。近年来,众多学者对充填采煤条件下的岩层移动和矿压显现规律进行了大量的理论和试验研究。由于充填开采条件下,充填体对上覆岩层的控制作用较强,顶板下沉量和内力大大减小,所以在理论方面,一般将基本顶或关键层视为弹性地基上的梁或板来考虑,体现充填体与上覆岩层的相互作用。在顶板不发生破断的条件下,梁或板的模型体现出了更好的适应性,能够较好地分析充填体压实特性与岩层移动之间的规律[16]。在弹性地基模型中,顶板与支架和充填体相互作用。充填体的地基系数体现了充填体的支撑作用,其取值与矸石充填体的压实力学特性直接相关。矸石充填体由破碎的岩石颗粒和土颗粒组成,是典型的非连续介质,其颗粒强度、土石级配、骨架单元的形态、颗粒间的连接方式及空间位置的排列决定了充填体的变形、结构强度和稳定性,继而影响上覆岩层的变形和移动。而充填采煤液压支架的工作状态又对充填空间起到重要的影响。所以通过矸石充填体进行压实力学试验,建立充填体宏观与细观特性的关系,能够更加真实地反映其力学性质。同时通过对充填采煤液压支架进行力学仿真分析,从而建立更为精确的顶板-支架-充填体力学模型,这对于完善固体充填采煤岩层移动和支架围岩关系理论体系有着重要的理论价值与现实意义。

充填采煤液压支架的夯实机构是其区别于传统采煤支架的重要部分,也是决定充填质量的关键部分。四代充填支架均采用直接推压的方式对充填体进行压实。充填体是典型的散体介质，众所周知，散体在振动条件下进行压实能有效提高密实度，这已被广泛地应用于道路、制药、制陶业中[17-20]。目前，有关矸石充填体在振动条件下的密实效应研究还未见报道。因此，从理论角度对振动推压过程中充填支架夯实机构与矸石充填体的密实程度的关系展开讨论，对充填采煤液压支架的进一步改进及相同工作条件下充填体密实程度的提高具有重要的理论指导意义。

1.2 国内外研究现状

1.2.1 充填开采技术发展历史

关于矿山充填开采技术的研究与应用已经有近百年的历史，人们最初实施充填开采的目的仅仅是处理矿山开采过程中产生的废石等固体废弃物。20世纪初，最早在澳大利亚出现废石充填矿房；20世纪30年代，加拿大诺兰达公司霍恩矿采用粒状炉渣掺入磁黄铁矿充填采空区；澳大利亚北莱尔矿采用了废石充填[21-23]；我国在20世纪50年代以前开始研究并应用废石干式充填工艺，主要以处理固体废弃物为主，逐渐成为我国主要的采矿法之一，其中应用最多的是黑色金属矿山。经过近百年的发展，充填开采技术在国内外金属矿山与非金属矿山的研究与应用取得了长足的发展，先后经历了废弃物干式充填阶段、水砂充填阶段、细砂胶结充填阶段和以高浓度充填、全尾矿胶结充填、膏体充填、高水材料充填、固体废弃物直接充填等为代表的现代充填采矿阶段，取得了显著的经济和社会效益。随着回采技术的发展，这种充填开采技术因其劳动强度高、生产效率低下、生产能力小等原因而逐渐被淘汰。同时，这种以处理固体废弃物为目的的充填开采技术，也没有对固体充填材料的物理力学性质以及充填入采空区之后对上覆岩层的控制作用等进行深入研究。

随着采矿业需求的增长，人们开始研究生产能力高、劳动强度低的充填技术。20世纪四五十年代，澳大利亚和加拿大的一些矿山成功研发并应用水砂充填技术。欧洲主要采煤国家也逐渐开始采用水砂充填的方法开采建筑物下压煤，取得了较好的效果，如波兰大量采用水砂充填的方法对城镇及工业建筑物下压煤进行回采。从20世纪60年代开始，我国金属矿山逐步采用水砂充填工艺[24-29]，锡矿山南矿于1965年首次采用尾矿砂水力充填技术对采空区进行充填，将充填体作为主要承载体支撑上覆岩层，从而控制了顶板岩层大面积垮落造成的地压和地面沉陷问题；湘潭锰矿于1960年采用碎石水力充填工艺，有效防止矿井火灾的发生；到 20 世纪七八十年代，在国内已经有 60 余座金属矿山广泛采用水砂充填工艺，并取得了良好的经济与社会效益[30]。抚顺、新汶等煤矿区于 20 世纪 60 年代初期开始将水砂充填技术应用于建筑物下采煤，充填效果良好。这个时期，学者们也开始对充填材料的力学及物理性质进行研究，以更好地适应充填工艺。由于水砂充填开采技术工艺复杂，需要专门的排水系统，进行大量脱水作业，加上生产效率低、充填材料不足和生产成本高等原因，目前国内外矿山已经很少使用。

20 世纪六七十年代，大多数国内外矿山开始研发并大范围应用尾矿胶结充填技术[31-34]。澳大利亚的芒特艾萨矿将尾矿胶结充填工艺应用于回采底柱的过程中。我国初期的胶结充填技术均采用传统的混凝土充填工艺，且主要应用于金属矿山。1964 年凡口铅锌矿采取风力输送的方式将建筑用混凝土输送至采空区进行胶结充填，取得了一定的效果；1965 年金川龙首镍矿开始采用粗骨料胶结充填技术，之后又逐渐被细砂胶结充填技术取代。凡口铅锌矿、招远金矿和焦家金矿等以尾矿、天然砂和棒磨砂等材料作为充填集料、水泥为胶结剂通过搅拌制备成料浆后通过管道输送方式输送至采空区进行充填，由于细料胶结充填技术既有较高的胶结强度，并适合用管道水力输送的特点，所以在金属矿山得到了广泛的推广应用。近年来，细砂胶结充填工艺与技术已日臻成熟，在二十多座金属矿山进行了推广应用，并取得了良好的经济与社会效益。

近 20 年以来，随着政府及相关学者对大规模煤炭开采引起的资源与环境问题的重视，充填开采技术与工艺的发展不仅仅要适应高产量与低成本的要求，更重要的是能够与环境相容，实现煤炭资源绿色开采及科学采矿的理念，逐渐形成了以矸石等固体废弃物密实充填开采技术、膏体或似膏体充填开采技术、高水材料充填开采技术等为代表的现代新型充填采矿技术体系，均得到了较大规模的推广应用。在膏体充填开采技术的研究与应用方面，我国煤矿科技工作者在学习金属矿山膏体充填技术的基础上，对膏体充填技术在煤矿中的应用进行了大量的研究与试验[35]。孙恒虎[36-40]提出了煤矿似膏体充填新工艺；周华强等[41-53]提出了全采全充法、短壁间隔充填法、长壁间隔充填法、冒落区充填法、离层区充填法等 5 种膏体充填方法；中南大学与孙村煤矿合作设计了孙村煤矿膏体自溜充填系统[54,55]，促进了该技术的发展。由于非煤矿山的采空区围岩结构较为稳定，且充填区域相对较为集中，因此膏体充填应用前景很好；但是由于煤层属于层状岩体，随采随垮的特征使膏体充填的空间难以维护，因而煤矿膏体充填技术还需在充填材料特性及输送、充填工艺优化、充填成本控制等方面进一步研究。高水材料充填开采技术利用高水速凝材料混合后形成的钙矾石实现采空区的大范围充填[56]。20 世纪 90 年代初期，该工艺最早用于煤矿的巷旁充填支护，在招远金矿、小铁山矿、新桥硫铁矿等矿区进行现场试验研究;中南大学联合相关矿山企业开发了铁铝型高水速凝材料;中国矿业大学冯光明[57-61]研发了超高水材料,并提出了开放式充填、袋式充填、混合式充填、分段阻隔式充填等超高水充填开采技术,促进了高水速凝充填开采技术的快速发展。但是,在地质条件的适应性、充填成本控制、充填材料混合工艺以及凝固后的耐风化性等方面还需要进一步的研究。

新型工业化道路以及循环经济的提出迫使人们考虑"绿色矿业"问题,钱鸣高院士在21世纪初相继提出了"绿色采矿"与"科学采矿"的理念,在科学采矿理念的指导下,中国矿业大学科研团队将其研发的综合机械化固体充填开采技术与传统的综合机械化开采技术有机地结合在一起,研发了综合机械化固体充填开采技术,主要包括矸石置换村庄保护煤柱技术、矸石置换村下条采煤柱技术、矸石充填长壁采煤技术和黄土充填长壁采煤技术等[62-64],很好地克服了充填空间、充填通道和密实度等技术难点,通过控制采空区充实率达到控制岩层移动及地表沉陷的目的[65-69],并在新汶矿业集团翟镇煤矿、平煤股份十二矿、济宁矿业集团花园煤矿、兖州济三煤矿、皖北五沟煤矿、淮北杨庄矿等十几个矿区进行大规模的推广应用,使充填采煤技术取得了重大突破,为解决我国煤炭资源回收率低、安全高效回收"三下"压煤、利用煤矸石等矿区固体废弃物、保护矿区水和土地及生态环境问题提供了可靠的方法和技术途径,成为实现煤炭资源开采与生态环境保护一体化、煤炭资源绿色开采及科学采矿的关键技术途径之一。

下面就综合机械化固体充填开采技术体系中,有关充填开采岩层移动与充填体间的关系、充填开采液压支架与围岩的关系及矸石充填体的力学性质等方面的研究现状予以综述。

1.2.2 充填开采岩层移动与充填体间的关系

近年来,国内外学者在充填开采矿压显现及岩层控制理论方面进行了大量工作,取得了许多成果。胡炳南[70]对粉煤灰条带充填控制岩层移动问题进行了研究。谢文兵等[71]研究了条带充填上覆岩层的活动规律,认为充填空顶大小和充填条带间隔是控制上覆岩层活动的关键因素。郭广礼、查剑锋等[72-74]从沉陷学的角度分析矸石压缩试验可靠性以及压缩性能与粒径分布关系,分析了矸石非线性变形特征以及数值模型参数对地表沉陷、覆岩破坏高度的影响度,并结合理论分析进一步对沉陷控制影响因素、减沉(缓沉)、覆岩破坏高度的影响机理及控制幅度进行了界定。刘长友等[75]研究了连续充填开采条件下,不同压实度的充填体对上覆关键层活动的影响规律,研究认为,上覆岩层中无关键层时,充填体较小的压缩率可以有效控制覆岩的移动;有关键层时,应控制充填体的压缩率以确保极限充填距离，维持上覆岩层的稳定。程艳琴等[76]利用数值模拟对比分析了充填和不充填情况下围岩移动情况，结果显示两种不同开采方式下，围岩变形具有相似的规律，不同的是充填后围岩应力及位移显著减小，充填体对控制围岩变形破坏作用显著。李兴尚等[77,78]对条带开采冒落区注浆充填减沉技术的基础理论进行了深入系统的研究，构建了煤矿冒落区空隙分布分形模型，推导了冒落区注浆空隙体积计算公式，研究了冒落区注浆充填中覆岩关键层的运动特征，分析了冒落区充填开采与垮落法开采的覆岩关键层破断失稳之差异，建立了"冒落矸石充填体-煤柱-关键层"共同承载结构力学模型，分析了条带开采冒落区注浆充填减小地表沉陷的机理。郭爱国[79]开展了宽条带全柱开采的相关研究，对其中的沉陷控制主控因素进行了研究。缪协兴等[14,15,80]指出了充填采煤技术的三大难点，即充填体进入采空区的空间、通道和动力，建立了固体充填采煤岩层移动控制和地表沉陷预计的等价采高方法，提出了能与传统综合机械化开采技术相适应的综合机械化固体充填原理和方法，并研发了相关充填采煤系统和装备。张吉雄等[81-86]在系统研究矸石充填体压实和时间相关性基础上，提出了分析矸石充填开采矿压显现规律的等价采高模型，对基本顶的运动力学特性进行了系统分析，得到了充填综采采场所需支护强度，以及充填综采与传统综采支护强度修正系数，并基于岩层控制的关键层理论，提出了限定关键层弯曲下沉量的充填开采地表沉陷控制原理。瞿群迪等[87]在前人研究成果的基础上，提出了采空区膏体充填控制地表沉陷的空隙量守恒理论，阐释了采矿活动、充填活动造成地表沉陷的原因，并提出了采空膏体充填控制地表沉陷的三大技术途径：提高采空区的充填率、减少采空区向地表传播的程度、提高充填料浆及充填体的物理力学性能，增大上覆岩层滞留空隙体积。他们还采用数值计算研究方法对采空区全部充填法的地表下沉系数进行了预计，分析了充填开采控制地表沉陷的各影响因素，研究表明充填前顶底板移近量、充填体欠接顶量和充填体压缩量是造成地表下沉的关键因素[88]。马占国等[89]以房柱式充填采矿方法为背景，建立了表征采空区内矿柱和充填物支撑顶板的弹性板柱力学模型，研究顶板不同阶段下沉的力学过程；通过数值计算从能量观点对充填采场的矿压显现规律、煤柱受力及其破坏特点进行了探讨，发现当煤柱的有效承载面积逐渐减小时，单一煤柱的失效将使载荷转移到邻近煤柱上并引起相邻煤柱过载，房柱式充填开采不存在直接顶及基本顶周期来压现象，煤柱内部应力受回收顺序影响较小；他们还系统研究了充填体压实特性与充填巷采岩层移动的关系[90,91]，建立了充填巷采条件下的等价采高模型，通过理论分析和数值模拟等手段分析了覆岩与煤柱稳定性的影响因素。常庆粮等[92,93]采用物理模拟和数值计算相结合的方法，分析了充填开采时顶板岩层的移动变形过程及支承压力分布特征，并对充填开采覆岩变形破坏进行了分类,通过理论计算和现场实测,对充填开采顶板岩层变形破坏范围进行了研究,认为充填开采顶板裂隙破坏范围可按传统计算法进行预测研究。范金泉等[94]为了确定厚表土层薄基岩下巷采矸石充填开采方案,采用数值模拟方法研究厚表土层薄基岩下充填开采地表沉陷特征及围岩变形机理,验证了在煤柱中掘进巷道并利用矸石回填以置换开采出部分条带煤柱技术的可行性,巷式充填采煤方式能有效控制上覆岩层移动,为"三下"难采煤层提供了一种有效途径。陈绍杰等[95]研究了条带煤柱膏体充填开采覆岩时空结构模型及运动规律。张华兴等[96]研究了宽条带充填全柱开采地表沉陷的主控因素,采用数值模拟的方法分析了充填率、充填体强度、隔离煤柱宽度对上覆岩层移动的影响,认为充填率是控制上覆岩层下沉的关键因素。刘音等[97]采用相似材料模拟方法对长壁工作面膏体充填采场覆岩结构演化和覆岩移动规律进行了研究。余伟健等[98]分析了矸石充填整体置换"三下"煤柱引起的岩层移动与二次稳定理论,认为二次岩层移动是由矸石充填支撑体和承重岩层的共同压缩引起的,推导"承重岩层+矸石充填体"承载体的二次稳定条件、安全系数、极限状态下的软化区宽度以及承载核区宽度的解析式。周振宇等[99]采用数值模拟方法研究了矸石巷采充填条件下岩层移动控制问题。郭忠平等[100]建立了充填体和上覆矩形薄板系统的力学模型,运用板壳理论和材料力学理论,给出了顶板最大下沉量计算公式。朱卫兵等[101,102]分析了关键层下离层动态发育对离层充填的影响。黄艳利[103]建立了固体充填采煤采场覆岩移动的弹性薄板力学模型,得到了控制基本顶不发生破断的临界条件,由临界条件求得固体充填采煤工作面基本顶最大拉应力与充填采煤液压支架支护强度和采空区充实率的关系。耿敏敏等[104]建立了充填开采含天窗水平薄基岩的力学模型——Winkler 弹性地基上开孔固支板模型,求解矸石充填条件下含天窗水平薄基岩挠度表达式,对薄基岩厚度、天窗尺寸、矸石充填体强度对薄基岩天窗附近应力分布影响进行了分析探讨。李剑[105]为研究矸石充填采煤覆岩导水裂隙带演化规律,建立了充填采煤覆岩弹性地基叠合梁模型,确定了基岩岩层破坏的临界条件,得出了不同充实率下覆岩破坏层数和高度。胡炳南等[106]研究了粉煤灰充填后对岩层移动的控制作用,认为充填体对煤柱施加了侧限应力,提高了煤柱稳定性,从而达到了控制岩层移动的目的。

1.2.3 充填开采液压支架与围岩的关系

随着固体充填采煤方法工程实践的广泛运用,相关研究也不断深入。充填开采液压支架的结构经历了先后四代的发展。第一代充填开采液压支架的设计基础是四柱支掩式支架,简化了支架后部,尾梁起到了支撑和调整的作用,尾梁采空区部分安装了挡矸板,整体刚性顶梁侧面加侧护板防止漏矸,缺点是后尾梁强度小,周期来压时后顶梁下沉量偏大,比较适合在 2.6 m 中厚煤层和复合顶板中开采。第二、三代充填开采液压支架在第一代的结构上进行改进,支架后部安装的夯实机构使顶板的稳定性以及充矸能力得到提升,增加的尾梁长度方便设备的安装维修,且充填速度得到提升。但缺点是后尾梁对顶板支护能力仍然较小,没有了后尾梁的侧护板而易漏矸,设备运行时刮卡概率增加。最新型的四代充填开采液压支架在充矸技术上对以上所有架型进行了继承,大幅改进了支架和输送机的结构,其中主要改进的特征有:支撑顶梁的支柱数量由四柱升级到六柱,这样便可以解决一直以来后顶梁支护能力不足的问题;在整体结构的改进上,提高了采高,增大了支护强度;支架的顶梁改为三段式,增大了工作空间,方便了井下运输,更能适应工作面顶板不平的状况;提高了装备采煤设备的能力;夯实设备的高度可调节,断面处的密实能力有所加强。在细节方面,尾梁处也加入了侧护板,减少了架间漏矸发生;夯实装置安装了屋脊式挡矸板,减少了推压杆的矸石堆积[107,108]。

近年来有关充填开采支架的结构力学特性研究及支架与上覆岩层的力学关系研究较多。王家臣等[109]分析了充填开采支架与围岩关系和上覆岩层移动特征,确立顶板载荷估算方法,并通过充填开采实例进行验证。研究发现,充填工作面周期来压步距大,来压强度不明显;直接顶随着工作面推进逐渐冒落,垮落步距相比于普通综采工作面显著增大;基本顶以缓慢下沉形式发生弯曲变形,上覆岩层移动范围明显减小;高工作阻力支架可以控制顶板的下沉量,保证良好的充填效果,进而减小覆岩破坏高度,控制地表变形。缪协兴[110]基于提出的固体充填采煤液压支架设计理念,给出了用于分析支架主动加载对顶板变形移动控制的采场矿山压力力学模型,根据半无限平面上作用集中力的经典弹性力学 Flamant 解,推导得到了计算支架主动力作用引起的采场顶板变形位移曲线的解析解,对完善固体充填采煤基础理论起到了一定的推进作用。张国伟等[111]针对托盘在充填采煤链式投料系统中的重要性,通过能量法得出冲击载荷计算公式,利用有限元程序对托盘在不同间距、不同下降速度下,受充填材料冲击后的疲劳损伤进行了研究,预测了托盘的疲劳寿命。周跃进等[112]根据充填采煤液压支架结构原理及控顶作用,建立了支架顶梁的力学模型,分析得出了顶梁受力情况及 3 排立柱受力之间的关系,并运用 Pro/E 软件对支架进行三维建模和运动学仿真分析。固体充填采煤过程中充填采煤液压支架的夯实离顶距对充实率及充填作业效率的控制具有显著影响。张强等[113]揭示了支架本身结构干涉产生理论夯实离顶距以及现场充填工艺产生实际作业夯实离顶距的机理,分析了基于机构优化和不同充实率两种影响因素影响夯实离顶距设计的理论,利用仿真分析确定了一种以夯实离顶距为检验指标的支架设计合理性判断方法。路兰勇[114]根据工作面的地质条件对充填液压支架进行选型，并进行简化力学分析和结构分析，运用有限元分析方法对双顶梁铰接销轴的位置进行了受力分析和计算机模拟加载试验；在双夯实机构的设计过程中，主要是针对其在空载和满载时对支架的稳定性进行研究，在邢台矿等多个工作面进行了工业性试验。唐琨[108]建立了六柱式充填综采液压支架的三维数值模型，分析了多种危险工况下支架各部件的应力分布特征，得到了支架底座的等效应力、变形分布规律，给出了底座结构危险区域的强度特征及影响因素。

矸石充填体在充入采空区之后，受到液压支架夯实机构的推压作用。目前，液压支架夯实方式均为直接推压。而矸石充填体属于散体，散体在振动条件下的密实性研究受到人们的广泛关注。理论研究方面，S. Remond 等[115-117]对单一粒径球形颗粒体系在均匀振动条件下的密实性进行了研究，发现大振幅振动能使颗粒系统进入"悬浮"状态，振后压实可能性增大；小振幅振动则能有效减小颗粒间距离，使体系致密堆积。吴爱祥等[118-120]对振动场中散体的力学性质和波的传播机理进行了大量的研究。X. Z. An 等[121-123]对单一粒径的球形颗粒进行了一维振动试验研究，并讨论了振幅和频率等因素的影响。王文涛等[124]基于离散元方法，对粉料振动紧密堆积的影响因素进行了研究，发现合理的振动工艺能够提高粉料的堆积密度，水平振动较竖直振动能够获得更好的密度均匀性。朱纪跃[125]研究了单层球形颗粒在水平圆周平动振动下的运动特征。目前，有关矸石充填体的振动密实效应研究还未见报道。本书将从理论角度对振动推压过程中充填支架夯实机构与矸石充填体的密实程度的关系展开讨论。

1.2.4 矸石充填体的力学性质

在综合机械化固体充填开采工艺中，充填体主要由破碎矸石和土组成。近年来，有关破碎岩石和粗粒土的力学性质研究也日渐增多。G. B. Sowers 等[126]通过室内土工试验，得出煤矸石的颗粒级配、最大干密度、抗剪强度等参数，认为回填煤矸石只有具备一定的压实度方可满足建筑物地基的要求，且试验得出天然煤矸石的细、粗料比例并不是最佳级配。P. B. Attewell 等[127]认为充填体的剪切强度由充填矸石颗粒的剪切阻力确定。M. G. Karfakis 等[128]认为充填体的孔隙比是影响充填体强度和可变形能力的最重要的参数；孔隙比越低，充填体的相对密度就越高，当顶板来压时，充填体所能承受的可变性能力就越强；当充填体受到剪切力时，密度大的充填体随剪切力的增大，充填体会表现出一定的表面黏结力；密度较小的充填体则表现出很大的塑性变形，最终体积缩小，当剪切力超过充填体本身所能承受的最大剪切力时，充填体内部的矸石颗粒结构就会重置。张振南等[129]通过试验得出松散岩块在压实过程中,当轴向压力一定时,侧向压力随岩石块度及强度的增大而减小,并对其变化机理进行了分析。李树志等[130]通过对不同密实度矸石地基的承载力研究表明,矸石地基的密实程度对容许承载能力影响很大,分选矸石与掘进矸石地基容许承载力也相差很大。

马占国等[131-137]对破碎岩体的压实力学和蠕变力学性质进行了大量的研究:① 通过试验总结出松散煤矸石压实过程中轴向应变、横向应变、泊松比、弹性模量等参数的变化规律,并对压实过程中变形机理进行了分析;② 利用电液伺服岩石力学试验系统配合自制的压实仪,对饱和煤矸石的压实特性进行了试验研究,发现饱和煤矸石的应力与应变呈指数关系,孔隙率与应力呈三次多项式关系,碎胀系数与应力呈对数关系,变形模量与应力呈线性关系,并且矸石粒径的大小对上述关系均有较大影响。③ 利用一种专门的破碎岩石压实试验装置,在 MTS 815.02 岩石力学试验系统上完成了饱和破碎岩石压实过程中的变形特性测定,得到了煤、页岩和砂岩 3 种岩样压实过程中的应力-应变关系,分析了粒径和强度对破碎岩石应力-应变特性的影响,发现在相同的应力状态下,岩块强度越高试样应变越小;大粒径试样在加载初期应变增长率小于小粒径试样的应变增长率,随着应力的增加,大粒径试样的应变增长率大于小粒径岩样的应变增长率;饱和破碎岩石在相同的应力状态下的应变明显比在自然含水状态下大。④ 在岩石力学伺服试验系统上完成了破碎煤体和破碎页岩压实过程中的渗透特性测定,得到了破碎煤体和破碎页岩轴向应力、渗透压差、水头梯度与渗流速度的关系,并分析了各种粒径破碎煤体在不同渗透速度下轴向应力对渗透系数的影响。发现不同粒径破碎煤体的渗透特性与其压实状态密切相关,轴压从 5 MPa 到 15 MPa 变化时,渗透压差的最大值增加了 3.28～166.47 倍,渗透系数相应降低了 1 个量级以上;在恒定的渗流速度下渗透压差随轴压变化的规律近似呈指数函数关系;渗透系数随轴压变化的规律近似呈对数函数关系;恒定的轴压下水头梯度随渗流速度变化的规律近似呈指数函数关系。⑤ 利用自制的破碎岩体多相耦合蠕变试验装置,研究饱和破碎泥岩和饱和破碎砂岩蠕变过程中孔隙的变化规律,并对蠕变机理展开深入的讨论。结果表明,破碎岩体蠕变过程中孔隙率与时间呈负指数关系,整个过程具有明显的阶段性;荷载相同时,破碎岩体粒径越小,孔隙率变化也越小,最终稳定下来的孔隙率越大;随着荷载的增大,这种因粒径不同而产生的孔隙率大小差异逐渐缩小;相同粒径下,荷载越大,孔隙率变化越快。这些研究结果都为煤矸石的工程应用提供了重要的理论依据。

姜振泉等[138]通过特殊的压密试验探讨了煤矸石压密性与矸块破碎之间的关系,认为颗粒破碎可改善级配,并将煤矸石的压密过程分为破碎压密和固结压密两个阶段。李天珍等[139]为研究破裂岩石非线性渗透规律,研制了一种与岩石力学试验系统配套的附加装置,并给出了破裂岩石渗透率、非达西流 β 因子与轴向应变的回归关系,研究表明破裂岩石渗透特性的统计指标与轴向应变关系可以用二次多项式拟合,渗透特性的变异系数随轴向应变增大而减小。苗克芳[140]研究表明由微弱矸石颗粒组成的充填体,不能自由的排水,在经历初次压实与再次压实后发生了变形。初次压实是由于充填体内过度的孔隙压力造成的,与充填体的渗透性有关,充填体内矸石微颗粒之间经过慢慢脱水,引起了两个矸石颗粒之间相互压缩。初次压实完全完成后,发生再次压实。再次压实中外力持续很长时间并达到充填体强度,在这个过程中一些像黏土一样的强度比较弱的充填材料会出现蠕变现象。张吉雄[86]对完整矸石进行了单轴压缩和常规三轴试验,并对松散矸石进行了压实试验,得到了压实过程中应变、碎胀系数、压实度与应力的关系和压实的时间相关特性。唐志新等[141]采用散体元模拟研究煤矸石地基的压实特性与采动特性,从理论上揭示了其工程力学规律,并给出了密实系数和承载力的变化区间;他们还对矸石浸水后的压缩变形和承载性能进行了研究[142]。刘松玉等[143,144]对徐州北部地区路用矸石的基本力度特性及颗粒破碎细化规律进行了试验研究,综合分析了压实、渗透、水稳、压缩、承载、变形与强度等工程力学特性,在此基础上提出了适合于煤矸石的强度与变形本构模型;通过中型三轴试验机现场大型直剪试验对煤矸石的强度特性进行了系统研究,得到了煤矸石强度包络线的形式和参数以及煤矸石抗剪强度随粗颗粒(5.0 mm 以上)含量的变化规律,并得到了最大主应力差和颗粒破碎量随围压、孔隙比以及粗粒含量的变化规律。陈中伟等[145]对充填黄土的压缩蠕变特性和湿陷性进行了试验研究,为工程应用提供了依据。张振南等[146]的试验结果表明在压力水平较低时岩块发生破碎,当压力水平较大时岩块的破碎率很小,且不同岩性的岩块的破碎对粒径级配的改变有明显不同。胡炳南等[147]采用大容器、大粒径、大载荷和仿真煤体条件进行了矸石压缩试验,总结了压缩过程中应力-应变关系曲线和轴压-侧压关系曲线的形态及特征,得出了压缩率与粒径尺寸成正比、与侧压成反比的规律,分析了压缩率、侧压与煤体强度、矸石粒径及其级配之间的相互关系,揭示了充填材料级配优化提高充填效果的机理。苏承东等[148]得到了三种岩性碎石的压实特征,发现碎胀系数随粒径增大而增加,残余碎胀系数与岩性和粒径的关系不大。王明立[149]采用三维颗粒流软件 PFC^{3D}模拟了煤矸石的压缩特性,设计单一级配和泰波理论级配方案对煤矸石的三轴压缩试验过程进行数值模拟,比较不同围压下的应力-应变曲线、体积应变曲线和微裂纹发展曲线,对优化矸石充填的级配设计提供了参考价值。刘瑜、杜长龙等[150-153]采用分形理论对煤矸的机械破碎进行了研究,通过理论分析与试验确定了不同冲击速度、截割运动参数和破碎机械设计参数等因素下煤矸破碎的粒度分形维数，为冲击破碎和截割效果的评价与参数设计提供了依据。

此外，矸石充填体是土石混合料，属于粗粒土，所以有关粗粒土的力学性质研究也对深入理解矸石充填体的力学性质有着重要的借鉴作用。粗粒料的大型试验始于20世纪60年代，如R. J. Marsal[154]对堆石体进行了一系列大型试验，随着高土石坝、高层建筑、高速铁路与公路、海岸河堤等工程的发展[155,156]，粗粒料的试验研究不断深入，试验方法主要包括大型三轴、大型直剪和原位试验等。秦红玉等[157]通过大型三轴试验，对高低围压下粗粒料的应力应变特性、抗剪强度、内摩擦角和颗粒破碎特性进行了对比分析，并探讨了不同泥岩含量对堆石料强度的影响。张少宏等[158]通过对两种不同堆石料的高压三轴湿化试验，分析了引起湿化变形的因素，并对湿化应力与湿化变形进行了初步分析，拟合了湿化应力与湿化变形之间的关系。程展林等[159]采用长江科学院的CT三轴仪对粗粒土的结构特性进行了研究，认为粗粒土宏观力学特性的复杂性缘于其细观结构的复杂性。徐文杰等[160-164]研究了土石混合体的粒径分形特征，通过数字图像处理获得了土石混合体的粒径级配和细观结构，并进行了大量的大型原位直剪试验，包括水下推剪。P. R. Oyanguren[165]为研究Llerin堆石坝的稳定性，对堆石料进行了大型原位直剪试验。傅华和陈生水等[166,167]通过直剪试验研究了堆石料和基岩面之间的抗剪强度。李翀等[168]对双江口高土石坝的砂质泥岩过渡料进行了不同试样尺寸的大型试验研究，结果表明对同一种级配试样，破坏主应力差、内摩擦角和初始切线模量随试样直径的减小而增大；在低围压下破坏主应力差和内摩擦角的增大趋势明显，但随围压增大，增大幅度减小；对同样的试样直径，最大粒径增大，破坏主应力差和内摩擦角增大，同样这种增大趋势在低围压下明显。杨光等[169-172]对粗粒料进行了常规三轴、等球应力和等应力比等不同应力路径的试验，结果表明应力路径对粗粒料的应力-应变和变形特性影响较大，而对强度特性影响较小。许多学者研究了粗粒料试验中的尺寸效应，试图说明缩尺后的试验结果和真实粒径粗粒料力学特性之间的关系[173-178]。刘萌成等[179]在两种堆石料饱和试样大三轴试验成果的基础上，对变形与强度特性变化规律进行了总结，给出了应力-应变关系、侧向应变-轴向应变关系的指数关系表达式，还通过不同初始空隙比和不同固结压力下的筑坝堆石料大型三轴固结排水试验分析了堆石料应力-应变关系与体积-应变关系以及剪胀率-塑性应变关系的变化率，获得了堆石料剪胀剪缩转化的判断准则[180]。高玉峰等[181]针对多个堆石料进行了大型三轴试验，研究了颗粒破碎情况，结果表明在试样制备过程中所发生的颗粒破碎不可忽视。魏松等[182]研究了粗粒料等压固结、峰值以及不同应力水平下的颗粒破碎规律，提出了一个颗粒破碎的估算方法，探讨了干湿状态对颗粒破碎影响与材料软化系数之间关系。董威信等[183]对某面板堆石坝闪长岩类堆石料进行了动弹性模量与阻尼比试验和动残余变形试验，研究了主堆石料、过渡料和垫层料三种坝料在循环荷载下的动应力-应变特性和动残余变形特性及其主要影响因素。王琛等[184]使用大型三轴仪对堆石料进行了常应变速率排水压缩试验和不同围压、不同应变水平的分级加载排水松弛试验，并建立了双曲线应力松弛方程。矸石充填体就是由不同形状、大小的颗粒随机堆聚而成的粗粒土，其宏观力学特性必然表现出强烈的离散性。研究矸石充填体的细观结构特征，建立相应的本构模型，对于其宏观剪胀、蠕变等工程特性都起到至关重要的作用。

1.3 研究内容

本书的主要研究内容有：

(1) 对不同配比的矿渣混合料充填体和不同粒径的破碎矸石分别进行了侧限压实和侧限压实蠕变试验。研究不同加水量和加石灰量的矿渣混合料的应力-应变关系，并确定其变形模量与应力的关系。研究破碎矸石压实力学特性的时间效应，并结合 Singh-Mitchell 蠕变模型对蠕变过程和蠕变机制进行分析，确定模型参数，得到适合五种破碎矸石的压实蠕变方程。

(2) 基于颗粒流离散元方法的基本思想和理论，编制 PFC^{2D} 程序。在考虑颗粒破碎的前提下，利用簇单元模型分别对矿渣混合料的侧限压缩和不同含石率的矸石充填体的双轴压缩进行数值模拟，分析其宏细观力学特征，并通过体系内部力链形态和速度场的演化反映颗粒压缩过程中的运动和裂纹的扩展情况，继而分析剪切带特征。

(3) 基于颗粒流理论，由实际情况出发，建立矸石充填体模型，并对充填体投料及夯实机构推压过程进行模拟。同时给推压板添加振动机制，分别研究有无振动及不同的振幅和频率情况下，推压板与充填体的相互作用关系，并讨论振动频率、振幅等对推压板夯实效果及充填体颗粒流动性和体系形态特征等的影响。

(4) 在综采密实充填条件下，建立顶板岩梁的弹性基础梁力学模型，对支架-顶板岩梁-充填体的关系进行分析，求解顶板岩梁的下沉量。并讨论顶板下沉量与初始充填高度、充填支架推压应力和支架让压高度的关系。建立工作面超前应力计算模型，计算应力分布，并讨论初始充填高度、充填支架推压应力和支架让压高度对工作面超前应力的影响。

(5) 基于三维软件 Pro/E 和有限元分析软件 Ansys Workbench，建立充填采煤液压支架和采场模型，对充填开采的开挖、移架和充填过程进行模拟计算，并分析采场覆岩变形和移动规律、矿压显现规律及充填采煤液压支架的应力分布及变化规律。

(6) 基于相似理论，制作充填开采相似模型，并进行充填开采过程的模拟试验，研究充填开采过程中不同的初始充填高度和支架让压高度条件下，覆岩的变形特征、应力变化情况及充填体的变形特征等，并与支架-顶板岩梁-充填体关系的理论模型计算结果进行比较分析。

(7) 将充填开采支架-顶板-充填体力学模型应用于某矿工作面，计算顶板下沉和应力分布规律，并与现场实测结果进行比较，验证理论的可靠性。

第 2 章　矸石充填体压实蠕变力学性质研究

2.1　矿渣混合料充填体的压实力学性质试验

充填矸石或矿渣由破碎的岩石颗粒和土颗粒组成，是典型的非连续介质，充入采空区后，会在水平方向受到两侧煤柱或支护结构很好的约束作用，因而整体上会表现为竖直方向的压实。因此，本节对矿渣混合料充填体进行侧限压缩力学性质试验。

2.1.1　试验设备和测试方法

侧限压缩试验采用特制容器装料，装料筒内径及活塞直径为 220 mm，装料高度约为 165 mm，在电液伺服岩石力学试验机上进行压实力学特性试验。试验机最大试验力 500 kN，横梁加载速度范围：0.002 5～250 mm/min，加载位移速度精度：优于±0.5%(空载、检测距离大于 20 mm)。装料筒为普通 45 号钢进行全淬火处理，缸筒通过下部法兰和底座用螺栓连接。压头设计为凸台形，以适应试验机上端的加载平台，如图 2-1 所示。采用 7V14 数据采集器对试样受到的压力、轴向位移和应变进行自动采集。试验过程中，对每组矿渣试样进行 0 到 6 MPa 的应力加载，加载速率为 0.2 kN/s。每种试样均做 3 组重复试验，取平均值。

(a) 电液伺服岩石力学试验机

图 2-1　侧限压缩试验设备

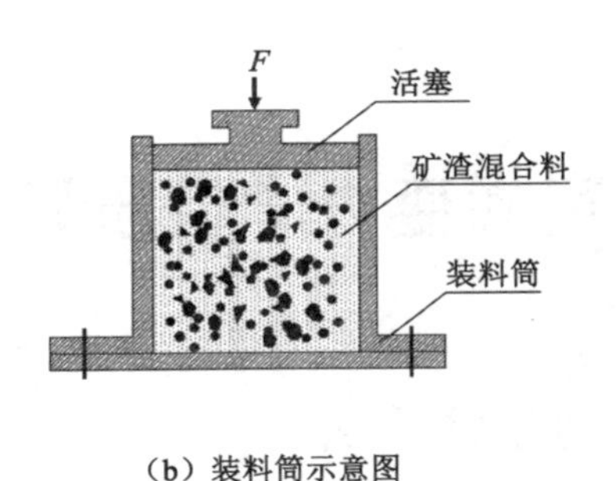

(b) 装料筒示意图

(c) 装料后照片

图 2-1(续)

2.1.2 试验方案和样品组成

试验样品选自山西某矿区，利用分级筛进行粒径筛分并分别称重，计算质量百分比。由于充填作业中常使用添加水或少许石灰的方式来增强矿渣充填体的黏结性，所以本节试验中分别对试样添加一定比例水和石灰，研究水和石灰含量对充填体力学特性的影响。样品粒径分布及水、石灰含量见表 2-1。

表 2-1 矿渣混合料充填体粒径分布及水、石灰含量

试样	各粒径矿渣颗粒含量/%						水含量/%	石灰含量/%
	<5 mm	5～10 mm	10～15 mm	15～20 mm	20～25 mm	>25 mm		
S1	37	25	16	10	8	4	0	0
S2	42	27	13	11	4	3	0	0
S3	33.3	22.5	14.4	9	7.2	3.6	0	10
S4	29.6	20	12.8	8	6.4	3.2	0	20
S5	25.9	17.5	11.2	7	5.6	2.8	0	30
S6	33.3	22.5	14.4	9	7.2	3.6	5	10
S7	33.3	22.5	14.4	9	7.2	3.6	10	10

2.1.3 应力-应变关系

通过对几种矿渣混合料试样进行侧限压缩试验，得到轴向应力与轴向应变的关系曲线，如图 2-2 所示。可以看出，在加载初期，各试样的应力均较小，应变随应力迅速增大，之后逐渐趋于缓慢。在压实的前期，矿渣混合料装料完毕后，颗粒间存在较大的孔隙，很容易进行颗粒重排和小颗粒的孔隙填充，所以很小的应力就能使混合料发生较大的变形。而经过一段时间压实之后，矿渣颗粒间的孔隙空间逐渐变小，颗粒重排与小颗粒的孔隙充填也相应变得越来越困难，所以在继续压实的时候，应变随之缓慢增长。因此，矿渣混合料的压实过程可以被分为两个阶段。受压初期为第一阶段，矿渣料相对疏松，颗粒接触状态的调整成为该阶段压实作用的主要表现，随着颗粒接触逐渐紧密，体系的密实程度不断提高。同时，混合料的受力状态也随之变化。在压实初期，体系整体受力状态较为均匀，而当粗大颗粒发生相互位移而逐渐紧密接触后，构成体系的支撑骨架，之后上部的荷载转为主要由骨架承担，且通过大颗粒间接触点传递。进一步提高压力，压实过程进入第二阶段，作用在粗大颗粒上的荷载逐步加大，当压力大于颗粒强度时，颗粒发生破碎，而破碎又带来体系结构与压力的重新调整，对应矿渣混合料的重新压密作用过程。通过两个阶段的压密作用机制分析可以看出，颗粒接触状态调整是其根本原因，体系通过不断调整颗粒接触状态，降低粗大颗粒支撑的孔隙空间而实现整个压实过程。

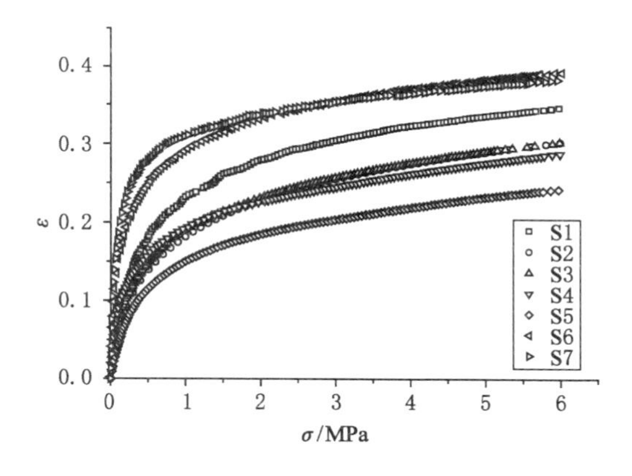

图 2-2　矿渣混合料侧限压缩应力-应变关系

目前实行的综合机械化固体充填开采技术中，液压支架夯实推压板提供的应力均在 2 MPa 左右，而随着埋深的逐渐升高，采空区上覆岩层作用在充填体上的压力也会逐渐增大。本节所做的 7 种试样在 2 MPa 时的应变分别为 6 MPa 时的 80%、75%、77%、78%、76%、84%和 88%，可以反映出，充填装置推压板能够使充填矿渣产生较大变形，完成第一阶段的压实，使充填体达到较为密实的状态。当应力由 2 MPa 增大至 6 MPa 时，7 种试样产生的应变分别为 0.068、0.075、0.071、0.062、0.058、0.061 和 0.046，是 2 MPa 时应变的 24%、33%、31%、27%、31%、18%和 14%，表明经过液压支架夯实推压板压实后的矿渣混合料，还会进一步受到上覆岩层的作用，产生一定的变形，但变形速度显著变缓，变形量也较小。

对 7 种试样的应力-应变曲线进行拟合，发现应力与应变之间都呈对数关系。即：

$$\varepsilon = a_1 + b_1 \ln(\sigma + c_1) \tag{2-1}$$

式中，ε 为试样轴向应变；σ 为轴向压应力；a_1、b_1、c_1 为拟合系数，取值见表 2-2，相关系数 R^2 均在 0.98 以上。拟合曲线见图 2-3。

表 2-2　侧限压缩应力-应变关系拟合系数

	a_1	b_1	c_1	R^2
S1	0.222 83	−0.071 57	0.062 65	0.997 88
S2	0.175 09	−0.070 52	0.093 48	0.999 9
S3	0.183 64	−0.065 43	0.079 22	0.999 79
S4	0.190 6	−0.051 75	0.029 04	0.998 5
S5	0.144 94	−0.053 53	0.057 01	0.999 35
S6	0.288 05	−0.060 18	0.008 94	0.999 32
S7	0.301 57	−0.049 21	−0.003 02	0.984 68

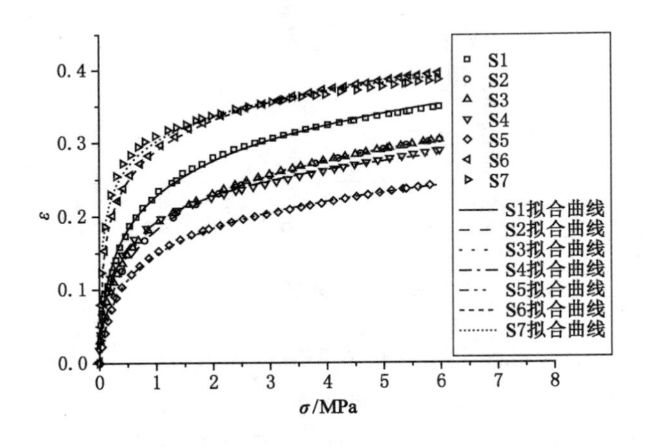

图 2-3　侧限压缩应力-应变关系拟合曲线

2.1.4　颗粒级配的影响

S1 和 S2 两种试样均为原生矿渣料，级配情况不同。两者的应变在相同应力条件下是不同的，试样 S2 的应变小于试样 S1 的应变。其主要原因是 S2 中细小颗粒含量较高，体系的密实程度也相应较高。将矿渣材料压实后的体积与初始总体积之比定义为矿渣材料的压实度。通过对两种试样的应力-变形关系计算，可得压实度 y_s 与轴向应力 σ 的关系，如图 2-4 所示。由图可见，随着轴向应力的增大，压实度逐渐减小，两者之间呈对数关系。由于试样 S1 中粗大颗粒含量较高，粗大颗粒之间的排列方式决定其压实程度，在粗大颗粒骨架的支撑下，孔隙中的细小颗粒得不到有效压密，土颗粒间的黏结也较少发生。作为充填体充入采空区后，整个体系在推压板压实作用下的固结性较弱。试样 S2 中细小颗粒含量较高，其压实过程就更多地通过固结来实现，颗粒间的接触关系会在压密过程中发生明显变化，颗粒间的黏结会明显增强。这样，整个体系的强度也会相应增强。因此，在对采空区进行矿渣混合料充填时，适当去除或破碎粗大岩块，或增加细小的土颗粒，都可以起到有效提高充填体强度的作用。

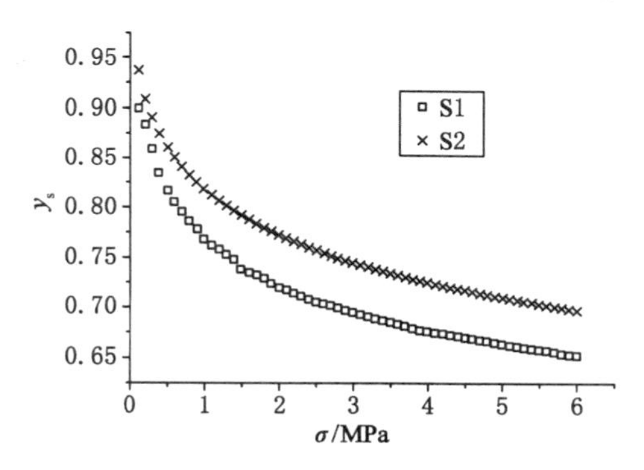

图 2-4　矿渣混合料侧限压缩压实度-应力关系

2.1.5　石灰含量的影响

S3、S4 和 S5 这 3 种试样是在原生矿渣试样 S1 的基础上，添加不同比例的石灰制成的。变形模量可以反映材料抵抗变形的能力，将应力增量与应变增量的比值定义为切线压缩模量 E_s。根据应力-应变关系可以求出上述 4 种试样的压缩模量-应力的关系，如图 2-5 所示。

4 种试样的 E_s 与 σ 之间基本均呈线性关系，将 E_s 和 σ 换算成国际单位，试样 S1 的线性拟合关系可以表示为 $E_s=-433\ 702+15.987\sigma$，线性相关系数为 0.98。可以看出，石灰含量 10%的 S3 试样的 E_s-σ 关系曲线和 S1 试样的较为接近，石灰含量 20%和 30%的 S4、S5 两种试样的 E_s 较大。整体上看，适当添加石灰后，一方面能改善充填体的粒径级配，另一方面，还能在压实过程中有效增加土石颗粒间的黏结，从而提高其抗压缩性能。

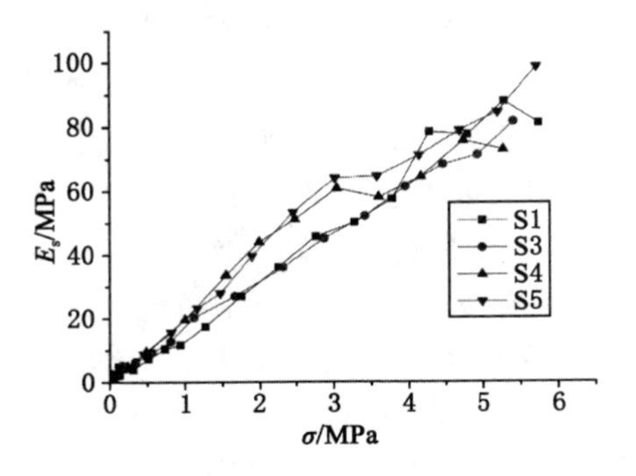

图 2-5 S1、S3、S4 和 S5 压缩模量-应力关系

2.1.6 水含量的影响

S3、S6 和 S7 这 3 种试样是在原生矿渣试样 S1 的基础上，同样添加 10%的石灰后，又加入不同比例的水制成的。由图 2-2 和图 2-6 可以看出，在相同的应力水平下，添加水的试样 S6 和 S7 的应变明显大于未添加水的试样 S3 的应变，压缩模量也明显高于 S3。这说明适当添加石灰和水后，石灰会在压实过程中不断与水结合，并很好地与土石颗粒黏结起来，所以抗压缩性大大增强。但是这并不说明添加的水越多越好。S6 和 S7 分别是对 S1 添加了 5%和 10%的水，如果添加过多的水，石灰有可能遇水消解，产生 $Ca(OH)_2$ 和少量 $Mg(OH)_2$，混合料颗粒也会吸附水分子形成水膜，导致颗粒间的摩擦力降低，黏结结构被破坏，抵抗变形能力减弱，压缩模量减小。所以在进行矿渣充填过程中，不建议添加过多的水，在矿渣料的自然含水状态的基础上添加 5%～10%的水就能很好地满足体系压实过程中颗粒黏结的需要。

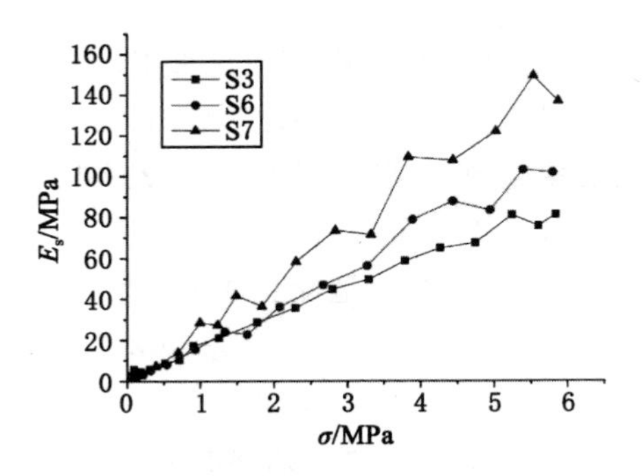

图 2-6 S3、S6 和 S7 压缩模量-应力关系

2.2　破碎矸石的压实蠕变力学性质试验

充填开采由于可以有效控制岩层变形和地表沉陷，被广泛应用于“三下”煤层开采中。将破碎矸石、矿渣等物质冲入采空区之后，充填体会在上方岩层作用下被压实，之后进入缓慢变形阶段。矸石充填体的压缩蠕变效应的强弱直接影响到地表的后期变形和地表建筑物的使用寿命。因此，本节对破碎矸石进行压实蠕变力学性质试验。

2.2.1　试验设备和测试方法

矸石充填体冲入采空区以后的后期压实过程仍然满足有侧限的情况，所以本节的蠕变试验与上一节类似，仍然使用圆柱形钢筒盛装破碎矸石试样。压实筒高度为 170 mm，壁厚 15 mm，活塞高度 140 mm，内径 100 mm。为保证强度，防止缸筒内壁被岩石划伤，压实筒及活塞均使用普通 45 号钢制成，进行全淬火处理。利用杠杆系统实现对样品的加载，如图 2-7 所示。当轴向应力达到预先设定的数值后，关闭电源以减少长期测试带来的能源浪费。轴向加压载荷通过加载控制系统来监测，通过压实筒下方的弹簧来协助保持。在试验过程中，一旦轴向应力的减少量超过 5%，电源将重新启动，并重新将载荷加大到原来设定的数值。

（a）实物图

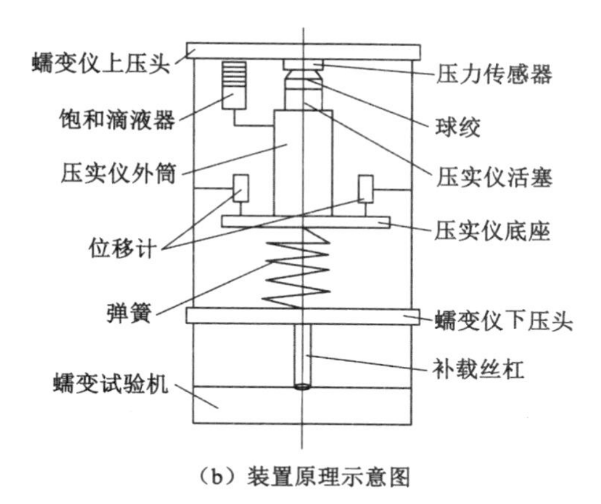

（b）装置原理示意图

图 2-7　破碎矸石压实蠕变试验装置

2.2.2 试验方案和样品组成

选择不同粒径的破碎矸石试样，分别进行不同轴压条件下的压实蠕变试验，试样粒径分布见表2-3。首先用塑料纸将试样包裹起来并混合均匀，做成直径略小于压实筒内径、长度略大于128 mm的圆柱造型，连同塑料纸一起放入水平放置的压实筒内，然后将压实筒竖直放置，慢慢抽出塑料纸。测量装料高度，如果高度>128 mm，则轻微晃动压实筒，保证最终装料高度为128 mm。这样的装料过程可以很好地保证压实筒中试样粒径的均匀分布，并防止出现个别区域孔隙过大的现象。每种试样均在4 MPa、8 MPa和12 MPa三种轴向载荷条件下进行压实蠕变试验，先加压至设定载荷，然后记录不同时刻的轴向位移。每种试样均做3组重复试验，最后取3组试验结果的平均值。

表2-3 破碎矸石粒径分布

试样	Y1	Y2	Y3	Y4	Y5
粒径/mm	20.0～25.0	15.0～20.0	10.0～15.0	5.0～10.0	2.5～5.0

2.2.3 应变-时间关系

在固定的轴向载荷条件下，通过记录不同时刻各试样的轴向位移，可以计算出试样的应变，应变随时间的关系曲线如图2-8至图2-10所示。

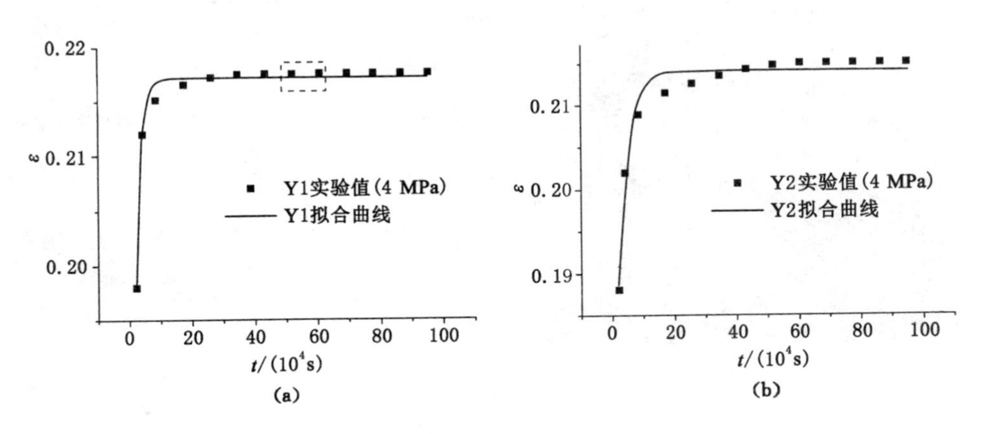

图2-8 4 MPa载荷下破碎矸石压实蠕变试验应变-时间关系

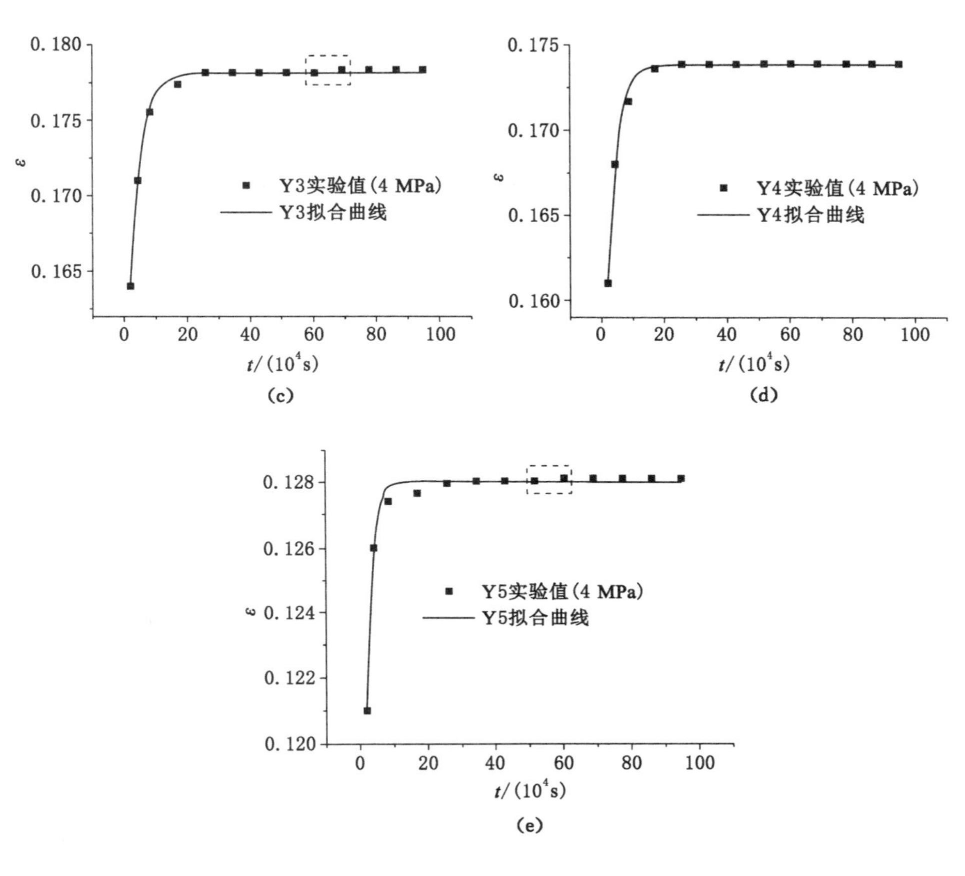

图 2-8(续)

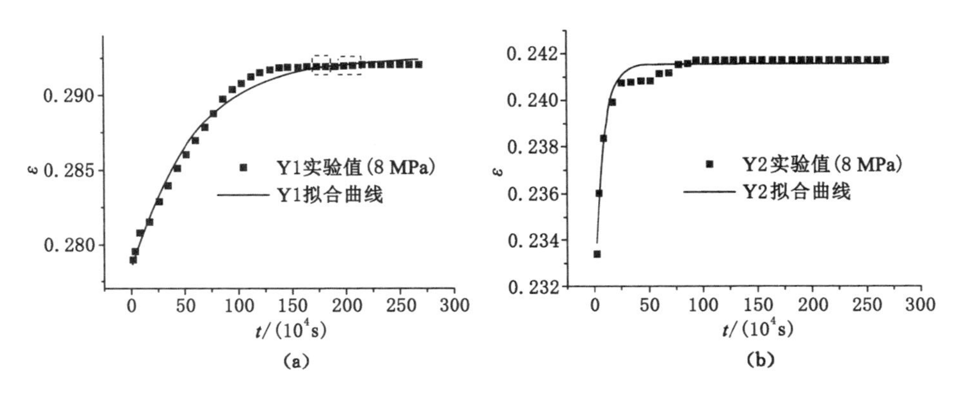

图 2-9　8 MPa 载荷下破碎矸石压实蠕变试验应变-时间关系

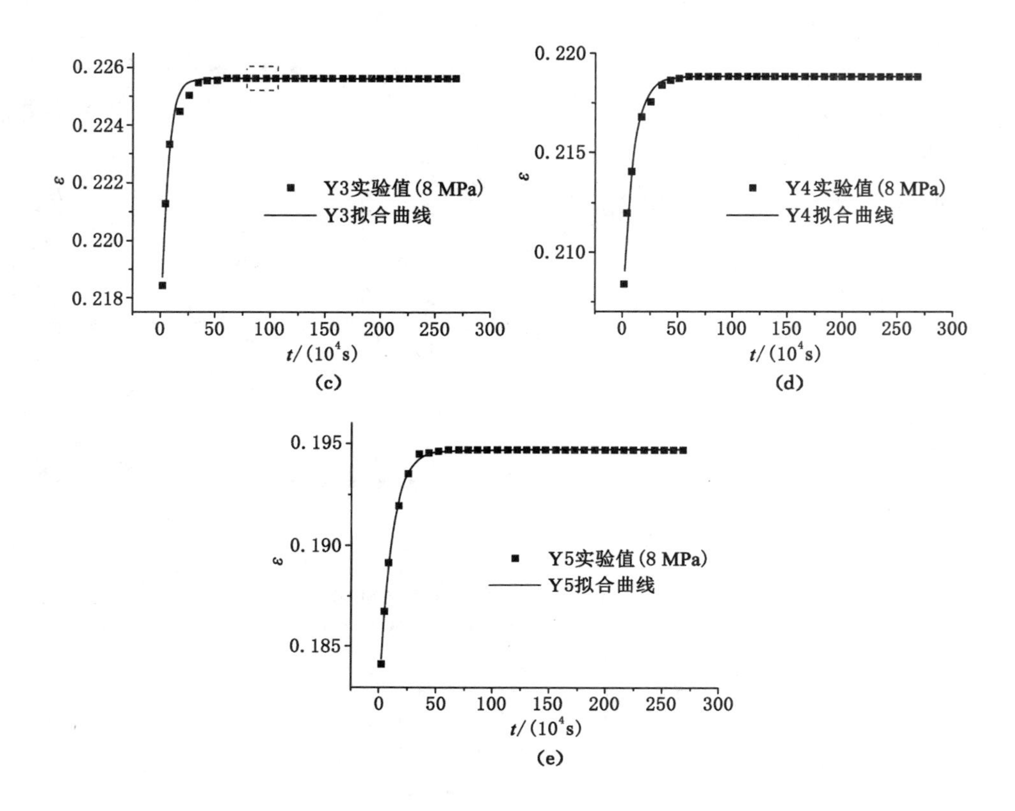

图 2-9(续)

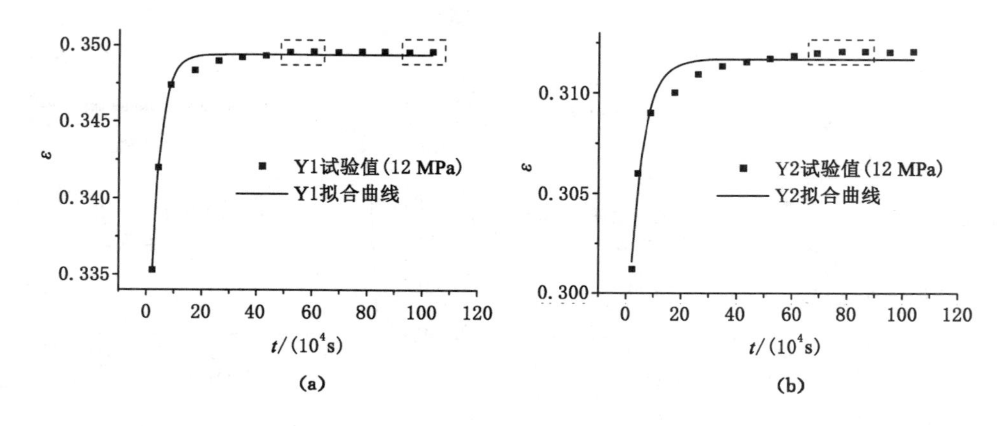

图 2-10　12 MPa 载荷下破碎矸石压实蠕变试验应变-时间关系

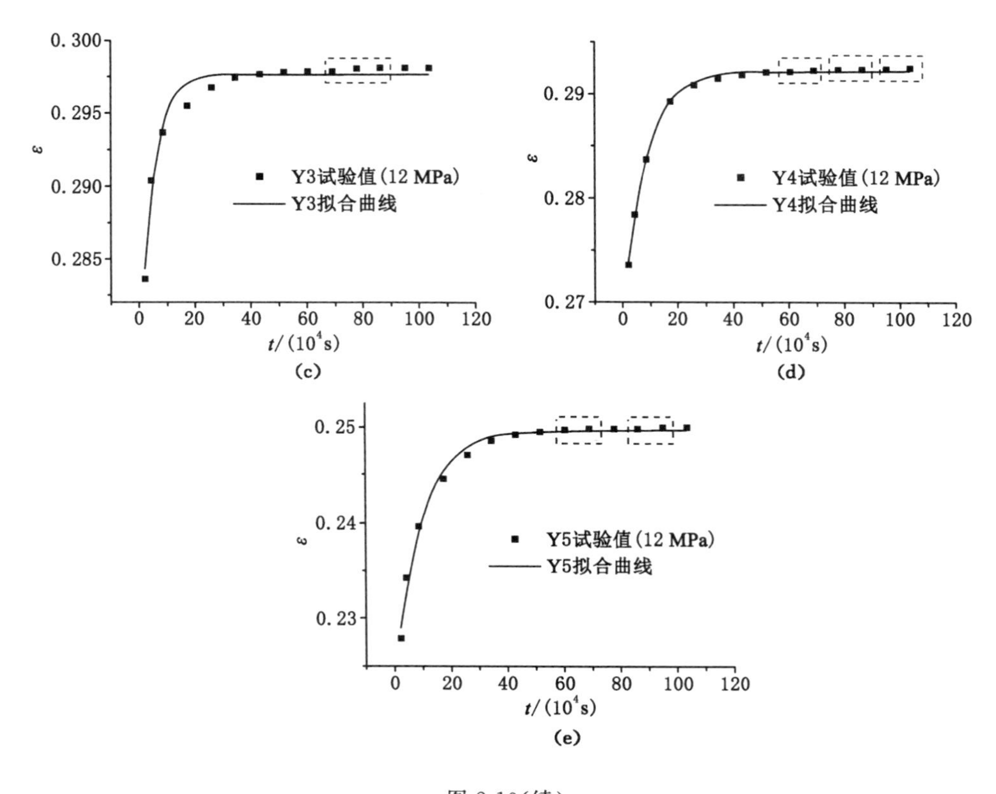

图 2-10(续)

通过拟合可以看出,各试样的应变 ε 与时间 t 的关系基本都满足式(2-2):

$$\varepsilon=\frac{a_2}{1+\mathrm{e}^{-b_2(t+c_2)}} \tag{2-2}$$

式中,a_2、b_2和 c_2为拟合系数,具体取值见表 2-4。拟合效果良好,相关系数 R^2均在 0.968 以上。其中 a_2的取值与最终蠕变值非常接近,其差值最大不超过最终应变的 0.41%。

表 2-4　破碎矸石压实蠕变试验应变-时间关系拟合系数

载荷/MPa	试样	拟合系数			相关系数
		a_2	b_2	c_2	R^2
4	Y1	0.217 22	0.598 96	1.741 72	0.987 21
4	Y2	0.214 11	0.313 56	4.228 84	0.969 72
4	Y3	0.178 11	0.299 56	6.075 58	0.994 89

表 2-4(续)

载荷/MPa	试样	拟合系数			相关系数
		a_2	b_2	c_2	R^2
4	Y4	0.173 86	0.339 84	5.317 94	0.995 16
4	Y5	0.128 01	0.571 58	2.830 12	0.990 49
8	Y1	0.292 53	0.017 94	165.024 6	0.990 53
8	Y2	0.241 42	0.416 87	5.413 89	0.971 1
8	Y3	0.225 54	0.399 68	6.022 72	0.984 47
8	Y4	0.218 59	0.200 06	12.405 97	0.983 39
8	Y5	0.194 54	0.214 64	10.171 96	0.968
12	Y1	0.349 29	0.408 51	5.431 99	0.996 01
12	Y2	0.311 64	0.249 69	11.292 34	0.987 63
12	Y3	0.297 52	0.295 79	7.907 47	0.986 24
12	Y4	0.291 97	0.169 34	13.214 59	0.990 4
12	Y5	0.249	0.211 46	8.364 03	0.971 96

由蠕变曲线可以看出，破碎矸石的压实蠕变过程分为瞬态蠕变和稳态蠕变两个阶段。绝大多数试样在压实的最初 3～4 d时间内表现出瞬态蠕变特征，之后表现出稳态蠕变特征。每种粒径的试样的最终应变量均随载荷的增大而增大。而在相同的轴向载荷条件下，试样的最终应变量又会随着粒径尺度的增大而增大。这主要是因为粒径尺度越大，岩块之间的孔隙越大，所以压实过程中的可变形空间越大，位移也就越大。

蠕变过程包括岩块棱角破碎、岩块的开裂、碎块的位置重组以及由于水的存在而导致的应力腐蚀开裂。岩块的棱角破碎会在压实蠕变过程中频繁地发生，主要是岩块之间的接触点(点-点接触或点-面接触)附近的应力集中造成的。岩块棱角破碎后，粒径会轻微减小，同时生成一些小碎块。岩块的开裂则主要是拉伸破坏和剪切破坏造成的，开裂后，岩块会沿破坏带形成两块粒径较小的碎块。碎块的位置重组是因为岩块间存在孔隙，原有的小粒径岩块和由于棱角破碎或开裂而形成的小碎块就会慢慢填充到孔隙中。应力腐蚀开裂主要是岩样的蠕变造成的。当然，这些过程会在压实蠕变过程中反复并越加频繁地发生，并与试样的初始粒径分布及试验载荷直接相关。

由图 2-8～图 2-10 还可以看出破碎矸石稳态蠕变过程的另一个很重要的现象，那就是由于轴向位移的突变引起的轴向应变的突变，在图中分别用虚线方框标出。轴向载荷 4 MPa 时，Y1、Y3、Y5 出现了应变的突变；轴向载荷 8 MPa 时，

Y1、Y3 出现了应变的突变；轴向载荷 12 MPa 时，Y1、Y2、Y3、Y4、Y5 均出现了应变的突变。由于试验仪器尺寸较小，所以试样的高度也较小，压实过程中的蠕变突变量也较小。但这种突变极有可能与试样内部的剪切带的变化有关。对于粒径较大的试样来说，内部极为不均匀，在压实蠕变过程中，应力集中会频繁地发生，岩块棱角不断破碎分离，岩块粒径不断减小，导致突变。对于粒径较小的试样来说，内部相对均匀，在侧限压实蠕变过程中就有可能形成剪切带，沿剪切带的破坏导致突变。有关这些突变现象的深层次研究将对煤矿充填区岩层移动、矿压显现和地表沉陷起到重要的理论指导作用。

2.2.4　孔隙率-时间关系

孔隙率是衡量破碎矸石试样中孔隙大小的量，由式(2-3)定义：

$$n=\frac{V_T-V_R}{V_T} \tag{2-3}$$

式中，n 为孔隙率；V_T 为破碎矸石试样的总体积(包含孔隙)，由压实筒内壁直径和试验过程中测量的试样高度计算；V_R 为破碎矸石试样中岩块的总体积(不包含孔隙)，由试验前称取的试样质量和破碎矸石岩样的密度计算。

图 2-11 至图 2-13 给出试样在 4 MPa、8 MPa 和 12 MPa 三种轴向载荷条件下的孔隙率随时间变化关系，同时进行了拟合，发现 n 与时间 t 之间均符合关系式(2-4)：

$$n = a_3 + b_3 e^{-c_3 t} \tag{2-4}$$

式中，a_3、b_3 和 c_3 为拟合系数，具体取值见表 2-5。拟合效果良好，相关系数 R^2 均在 0.977 以上。

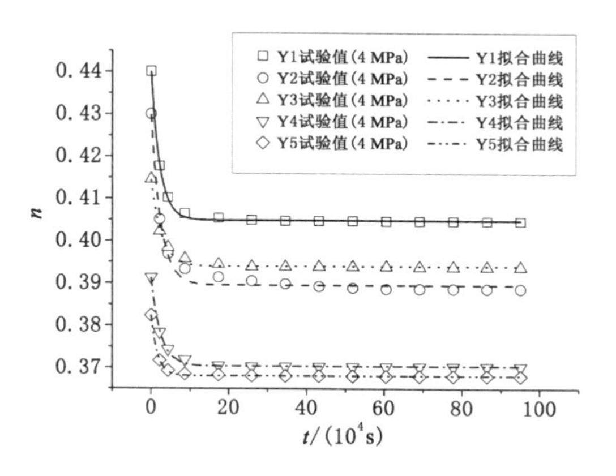

图 2-11　4 MPa 载荷下破碎矸石压实蠕变试验孔隙率-时间关系

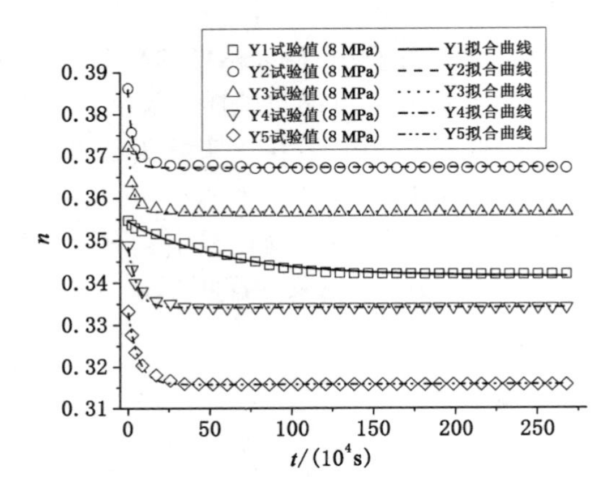

图 2-12　8 MPa 载荷下破碎矸石压实蠕变试验孔隙率-时间关系

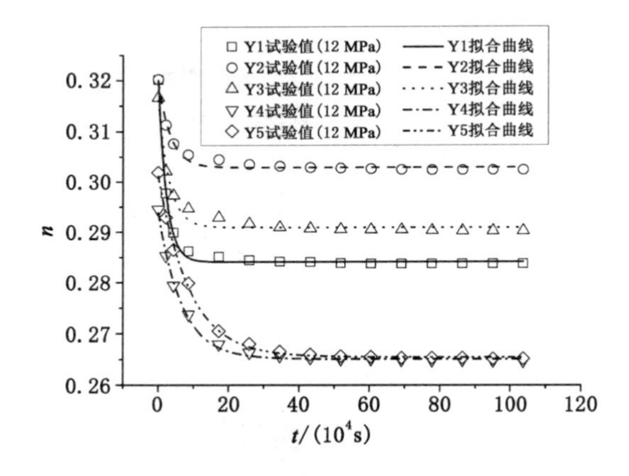

图 2-13　12 MPa 载荷下破碎矸石压实蠕变试验孔隙率-时间关系

表 2-5　破碎矸石压实蠕变试验孔隙率-时间关系拟合系数

载荷/MPa	试样	拟合系数			相关系数
		a_3	b_3	c_3	R^2
4	Y1	0.404 85	0.035 24	0.451 44	0.998 49
4	Y2	0.389 49	0.040 35	0.406 56	0.987 59
4	Y3	0.393 94	0.020 49	0.379 11	0.993 6

表 2-5(续)

载荷 /MPa	试样	拟合系数			相关系数
		a_3	b_3	c_3	R^2
4	Y4	0.370 35	0.020 86	0.411 87	0.995 64
4	Y5	0.368 05	0.014 37	0.615 36	0.998 1
8	Y1	0.341 47	0.013 08	0.016 96	0.988 19
8	Y2	0.367 27	0.018 7	0.330 41	0.983 46
8	Y3	0.356 71	0.015 19	0.318 37	0.991 42
8	Y4	0.334 22	0.014 18	0.179 28	0.988 12
8	Y5	0.315 76	0.017 12	0.159 13	0.993 46
12	Y1	0.284 09	0.036 02	0.433 23	0.996 6
12	Y2	0.302 83	0.017 1	0.287 98	0.979 48
12	Y3	0.290 9	0.025 26	0.322 89	0.977 57
12	Y4	0.265 14	0.028 73	0.149 11	0.996 39
12	Y5	0.265 53	0.035 65	0.112 32	0.998 07

各试样曲线的拟合系数 a_3 与稳态蠕变阶段孔隙率的最终值几乎完全一致，两者间的误差不超过最终值的 0.23%。因此，可以用 a_3 来代表破碎矸石稳态蠕变的最终值。由图 2-11—图 2-13 还可以看出，每种粒径的试样的最终孔隙率与轴向载荷相关，轴向载荷越大，最终孔隙率越小。但是轴向载荷一定时，最终孔隙率与试样的粒径分布之间没有明显的关系。这也在一定程度上说明，对于每种固定的载荷，试样均存在最优级配和最差级配。

2.3　破碎矸石压实蠕变的 Singh-Mitchell 模型

本节针对上一节的压实蠕变试验结果，结合 Singh-Mitchell 蠕变模型，对破碎矸石的压实蠕变过程进行分析。

2.3.1　Singh-Mitchell 蠕变模型

Singh 和 Mitchell 对不同状态的土体在不同条件下的蠕变性质进行了研究总结，提出了蠕变速率方程[185]，如式(2-5)所示：

$$\dot{\varepsilon} = A\mathrm{e}^{\alpha D}\left(\frac{t_1}{t}\right)^m \tag{2-5}$$

式中，$\dot{\varepsilon}$ 为任意时刻 t 的应变速率；$A=\dot{\varepsilon}(t_1, D_0)$，为单位时间 t_1 时刻，且剪应力（亦称主应力差、差应力或偏应力）$D=\sigma_1-\sigma_3=0$ 时的应变速率，它可以在 $\ln\dot{\varepsilon}$-D 关系图上通过延长直线段与 $D=0$ 轴相交而得到；D 为反映应力水平的量，对于本节的压缩试验，$D=\sigma$（σ 为轴向应力）；m 为 $\ln\dot{\varepsilon}$-$\ln t$ 关系图中直线斜率的绝对值；t_1 为单位时间（比如 1 min 或 1 d）；α 为应变对数与剪应力关系图中线性段的斜率。

对蠕变速率方程积分可得应变。当 $m\neq 1$ 时，有：

$$\varepsilon-\varepsilon_i=\frac{At_1^m}{1-m}\mathrm{e}^{\alpha\sigma}(t^{1-m}-t_i^{1-m}) \tag{2-6}$$

定义

$$\varepsilon_0=\varepsilon_i-\frac{At_1^m}{1-m}\mathrm{e}^{\alpha\sigma}\left(\frac{t_i}{t_1}\right)^{1-m} \tag{2-7}$$

则

$$\varepsilon=\varepsilon_0+\frac{At_1}{1-m}\mathrm{e}^{\alpha\sigma}\left(\frac{t}{t_1}\right)^{1-m} \tag{2-8}$$

对于 $t_i=t_1$ 和 $\varepsilon_i=\varepsilon_1$，有

$$\varepsilon_0=\varepsilon_1-\frac{At_1}{1-m}\mathrm{e}^{\alpha\sigma} \tag{2-9}$$

对于 $\varepsilon_0=0$，上式变成

$$\varepsilon=B\mathrm{e}^{\alpha\sigma}\left(\frac{t}{t_1}\right)^{\lambda} \tag{2-10}$$

式中，$B=\dfrac{At_1}{1-m}$；$\lambda=1-m$。式(2-10)即为蠕变方程，需要确定三个参数 B,α,λ。需要说明的是，这里假设 $\varepsilon_0=0$，使式(2-8)取得较为简单的形式。已有数据表明，式(2-10)可以对很多土类的蠕变行为进行合适的描述。

当 $t=t_1$ 时，式(2-10)成为指数型的应力应变弹塑性模型形式：

$$\varepsilon=Be^{\alpha\sigma} \tag{2-11}$$

$$\ln\varepsilon=\alpha\sigma+\ln B \tag{2-12}$$

这样，α 和 B 值可以直接从单位时间 t_1 时的 $\ln\varepsilon$-σ 直线关系图中获取。

2.3.2 破碎矸石的压实蠕变模型

对 2.2 节中试验得到的不同应力条件下 5 种破碎矸石试样的应变和时间分别取对数，并将关系绘制在双对数坐标轴上，如图 2-14 所示。

由图 2-14 可以看出，应变的对数 $\ln\varepsilon$ 与时间的对数 $\ln t$ 之间呈现良好的线性关系，因此可以借鉴 Singh-Mitchell 方程得到的应变-时间关系。将不同应力条件下，各试样的 $\ln\varepsilon$-$\ln t$ 斜率值进行平均，得到参数 λ，见表 2-6。

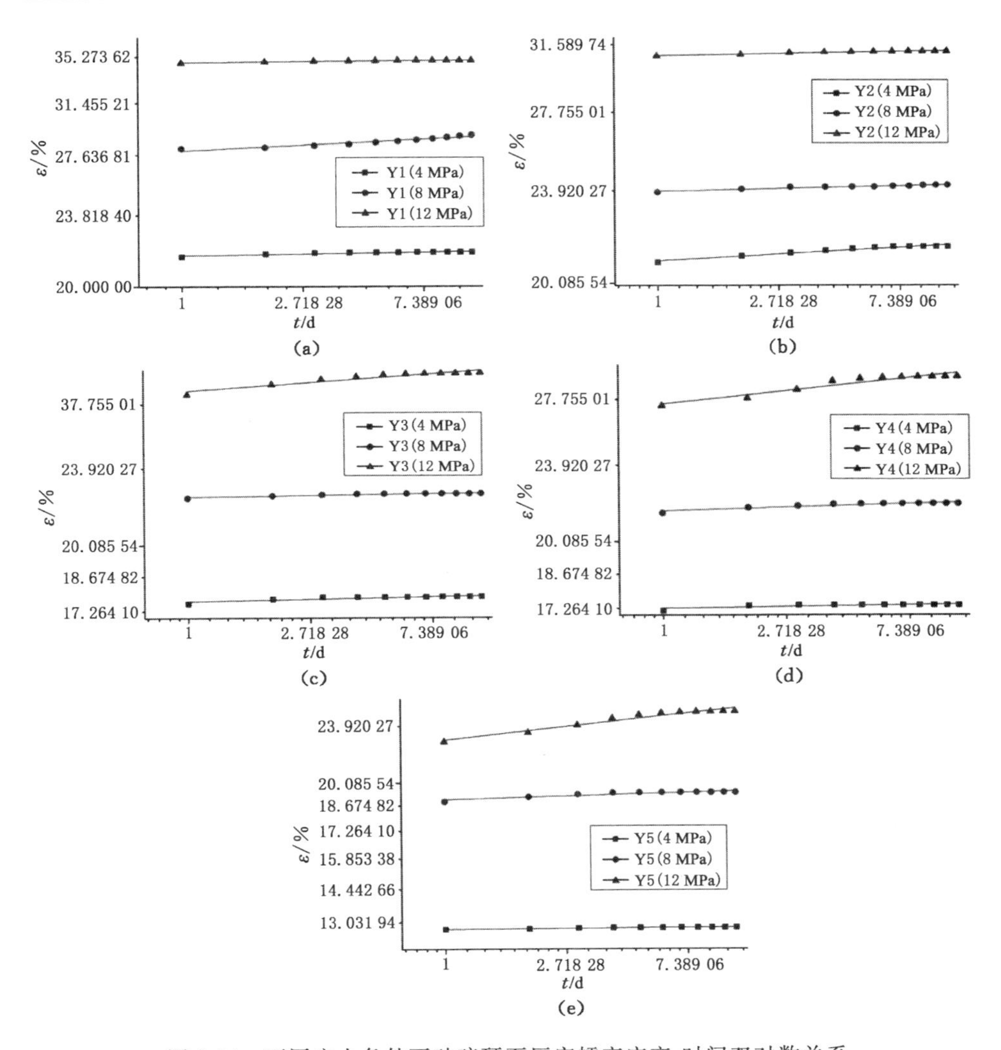

图 2-14　不同应力条件下破碎矸石压实蠕变应变-时间双对数关系

表 2-6　破碎矸石压实蠕变 Singh-Mitchell 模型参数

试样	λ	α	B
Y1	0.007 09	0.059 88	17.083 62
Y2	0.007 143	0.048 94	16.814 98
Y3	0.009 673	0.059 96	13.815 76
Y4	0.013 95	0.058 23	13.547 47
Y5	0.018 057	0.072 68	9.864 87

将 2.2 节中时间 $t_1=1$ d 时的应变数据取出，绘制单位时间的 $\ln\varepsilon$-σ 曲线，如图 2-15 所示。对照式(2-12)可得 5 种矸石的 α 和 B 值，见表 2-6。

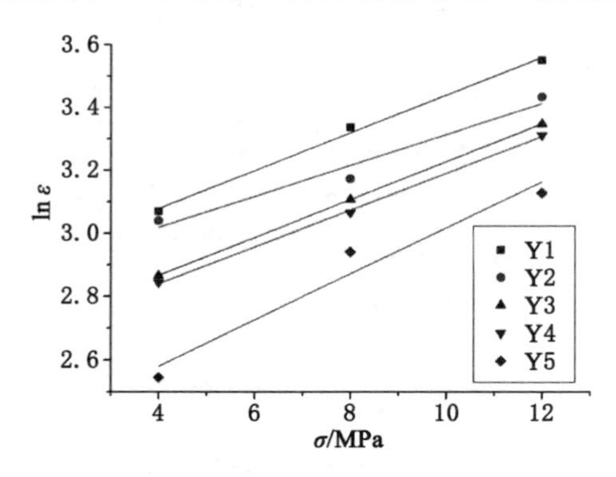

图 2-15　单位时间破碎矸石压实蠕变的 $\ln\varepsilon$-σ 关系

将表 2-6 中的参数代入式(2-10)，可以得到五种试样关于 $t_1=1$ d 时的 Singh-Mitchell 方程：

$$\text{Y1:}\quad \varepsilon=0.170\ 84e^{0.060\sigma}t^{0.007} \tag{2-13}$$

$$\text{Y2:}\quad \varepsilon=0.168\ 15e^{0.049\sigma}t^{0.007} \tag{2-14}$$

$$\text{Y3:}\quad \varepsilon=0.138\ 16e^{0.060\sigma}t^{0.010} \tag{2-15}$$

$$\text{Y4:}\quad \varepsilon=0.135\ 47e^{0.058\sigma}t^{0.014} \tag{2-16}$$

$$\text{Y5:}\quad \varepsilon=0.986\ 5e^{0.073\sigma}t^{0.018} \tag{2-17}$$

式中，时间 t 的单位是天(d)；应力 σ 的单位是 MPa。

2.4　本章小结

本章对不同配比的矿渣混合料和不同粒径的破碎矸石分别进行了侧限压实和侧限压实蠕变试验。主要得到以下结论：

(1) 矿渣混合料的侧限压缩轴向应力与应变之间呈对数关系。压实度随轴向应力增加而减少，且与试样级配有很大关系。细小颗粒含量较高时，压密过程中颗粒间的接触关系会发生明显变化，黏结性会明显增强，整个体系的强度也会相应增强。

(2) 适当添加石灰后，一方面能改善矿渣充填体的粒径级配，另一方面，还能在压实过程中有效增加土石颗粒间的黏结，从而提高其抗压缩性能。

(3) 添加适当的水会有效提高矿渣料的变形模量，从而增强其承载能力。

(4) 破碎矸石的压实蠕变应变-时间关系可以用式(2-2)的函数描述。每种粒径试样的最终应变量均随载荷的增大而增大。而在相同的轴向载荷条件下，试样的最终应变量又会随着粒径尺度的增大而增大。

(5) 蠕变过程主要包括岩块棱角破碎、岩块的开裂、碎块的位置重组以及由于水的存在而导致的应力腐蚀开裂。这些过程会在压实蠕变过程中反复并越加频繁地发生，并与试样的初始粒径分布及试验载荷直接相关。

(6) 每种粒径的试样蠕变孔隙率-时间关系可以用式(2-4)的函数描述。最终孔隙率与轴向载荷相关，轴向载荷越大，最终孔隙率越小。但是载荷一定时，最终孔隙率与试样的粒径分布之间没有明显的关系。

(7) 利用 Singh-Mitchell 模型对破碎矸石的压实蠕变过程进行分析，确定模型三个参数 λ、α 和 B 值，得到适合本章的五种破碎矸石的压实蠕变方程。

第3章　矸石充填体的细观力学性质研究

矸石充填体中破碎的岩石颗粒和土颗粒的强度、土石级配、体系骨架单元的形态、颗粒间的连接方式及空间位置的排列决定了充填体的变形、结构强度和稳定性，继而影响上覆岩层的变形和移动。因而，从细观角度入手，建立充填体宏观与微观特性的关系，探究矸石充填体的工程力学特性对应的微观机理，具有重要的理论价值和工程指导意义。近年来，在充填开采技术的应用范围逐步扩大的同时，针对充填材料的相关研究也日渐增多。研究内容包括不同含水状态的煤矸石、充填黄土等充填材料的压实特性、破碎与颗粒级配特性、蠕变特性等，主要依赖宏观试验的方式进行测量研究。

与此同时，数值方法的发展和硬件水平的提高，为人们从细观层次来研究颗粒体性质提供了可能。基于离散单元法的颗粒流理论是解决固体力学大变形问题及颗粒介质流动问题较好的理论[186-193]，它能够克服试验仪器的尺寸和加载难以控制等缺点，还可以更方便地从细观结构方面进行研究。目前，利用颗粒流方法对矸石充填体特性的研究还较少。本章利用颗粒流 PFC 程序[194]，分别用圆形颗粒和簇单元颗粒模拟矿渣混合料颗粒，建立两种与实际物料对应的矿渣混合料充填体模型，进行侧限压缩数值试验，比较两种模型的应力-应变曲线，研究其应力-应变特征、颗粒体系力链的变化与传递以及颗粒在外荷载作用下的破碎、移动和重新排列等运动特征。之后又在考虑颗粒破碎的前提下，建立不同含石率和黏结强度的矸石充填体模型，进行双轴压缩数值试验，研究充填体的应力、剪切带、颗粒破碎等特性，同时从细观角度实时观察充填体颗粒相对运动规律，研究颗粒在外荷载作用下的旋转、滑移、重新排列及其力链形态。

3.1　颗粒流数值模拟理论概述

3.1.1　颗粒流方法的基本思想

颗粒流 PFC^{2D}(particle flow code in 2 dimensions)方法[194]是目前广泛应用于岩土工程领域的一种离散单元法。该方法效率高，显式计算对计算机内存要求不高，能对成千上万个颗粒的相互作用问题进行动态模拟，还能对大变形问题进行有效的模拟。在对圆形颗粒的运动及相互作用进行研究的基础上，借助一种非连续的数值方法，继而解决实际中含有复杂变形模式的问题。模拟计算的基本假设有：

(1) 每个颗粒单元均为圆盘形，性质为刚性体。

(2) 颗粒间接触为点接触。

(3) 接触处允许出现一定的“重叠”量，接触力决定了“重叠”量的大小，但是“重叠”量比颗粒本身的粒径小很多。

(4) 颗粒间接触处有特殊的黏结强度。

在颗粒流模型中，用圆盘形颗粒代表材料，每个颗粒都满足牛顿运动方程；用“墙”来代表边界，墙不满足牛顿运动方程。通过设定一定数量的线段来定义墙，墙的线速度、角速度及墙之间的连接方式都可以任意设定。颗粒与墙之间接触重叠会产生接触力，但是墙的运动只能通过人为设定速度来实现，不会受到墙上接触力的影响，同时，墙与墙之间也不会产生接触力。因此，在颗粒流程序中，只存在两类接触：一类是颗粒-颗粒间的接触，另一类是颗粒-墙间的接触。加载过程可以通过设置重力或移动墙来实现。

颗粒流模型中，假定颗粒介质为离散颗粒体的集合，所以颗粒之间只需满足平衡方程，而不受变形协调的约束。颗粒的运动决定于其周围颗粒对它施加的合力与合力矩，合力不平衡时，颗粒按照牛顿第二运动定律 $F=ma$ 运动，合力矩不平衡时，颗粒按照转动定律 $M=I\ddot{\theta}$ 运动。同时，每个颗粒运动过程中都会遇到相邻颗粒的阻力作用。按时步进行迭代计算，同时遍历整个颗粒集合，直到每个颗粒的不平衡力和不平衡力矩小于允许值为止。

3.1.2　颗粒流数值模拟基础理论

颗粒间接触本构关系主要有三种：① 接触刚度模型，模型中通过接触力和相对位移的弹性关系发生作用；② 滑动模型，模型中通过切向和法向接触力使颗粒发生相对移动；③ 黏结模型，模型中颗粒只在黏结强度范围内发生接触[194]。

(1) 接触刚度模型

力与位移的关系为

$$F_i^{\mathrm{n}} = K^{\mathrm{n}} U^{\mathrm{n}} n_i \tag{3-1}$$

$$\Delta F_i^{\mathrm{s}} = -K^{\mathrm{s}} \Delta U_i^{\mathrm{s}} \tag{3-2}$$

式中，K^{n} 为法向刚度，K^{s} 是切向刚度。

接触刚度模型又分为线性接触刚度模型和简化的 Hertz-Mindlin 接触刚度模型两种，各自具有不同的接触刚度值。

(2) 滑动模型

该模型中，若颗粒间重叠量 $U_n \leqslant 0$，则令法向和切向接触力等于零。同时定义了两个接触颗粒间的最小摩擦因数 μ，给出判别滑动的条件：

$$F_{max}^{s} = \mu \left| F_{i}^{n} \right| \tag{3-3}$$

若 $\left| F_{i}^{s} \right| > F_{max}^{s}$，则可以发生滑动，并且在下一循环中 F_{i}^{s} 为：

$$F_{i}^{s} \leftarrow F_{i}^{s} \left(F_{max}^{s} / \left| F_{i}^{s} \right| \right) \tag{3-4}$$

滑动模型描述了球体接触的固有特性，它允许颗粒在抗剪强度范围内发生滑动，没有法向抗拉强度，并可与接触黏结模型或平行黏结模型同时起作用。

(3) 黏结模型

该模型只能针对颗粒之间的黏结，不适用于颗粒与墙之间的连接。黏结模型又分为两种，即接触黏结模型与平行黏结模型。前者认为黏结只发生在接触点附近很小范围内，后者则发生在接触颗粒间圆形或方形有限范围内。接触黏结只能传递力，而平行黏结同时能传递力矩。两种黏结超过黏结强度之前可以同时存在。

① 接触黏结模型

这种模型允许相互接触的颗粒黏结在一起，但黏结范围很小，类似于颗粒接触点处有一对弹簧作用，弹簧具有恒定的法向刚度和切向刚度，同时设定一定的抗拉与抗剪强度。接触黏结是由法向接触黏结强度 F_c^n 和切向接触黏结强度 F_c^s 定义。只要接触黏结存在就不会发生颗粒间滑动，当颗粒间重叠量 $U^n < 0$ 时，允许出现张力，但是当法向接触力 $\geqslant F_c^n$ 时，黏结破坏并把法向、切向接触力赋值为零。当切向接触力 $\geqslant F_c^s$ 时，黏结也发生破坏，但是接触力不发生变化。接触力与相对位移的关系见图 3-1。

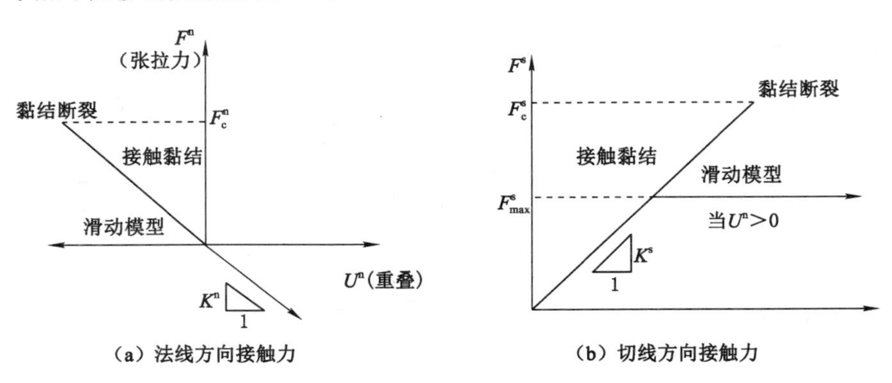

(a) 法线方向接触力　　(b) 切线方向接触力

图 3-1　接触黏结模型颗粒接触点处本构特性[194]

② 平行黏结模型

该模型中，A 和 B 两个颗粒被看成厚度为 t 的圆柱体，在两个颗粒之间建立一种弹性相互作用，但可以同时传递两个颗粒之间的力与力矩，如图 3-2 所示。

平行黏结可以被看作一系列具有固定法向/切向刚度的弹簧，均匀地分布在以接

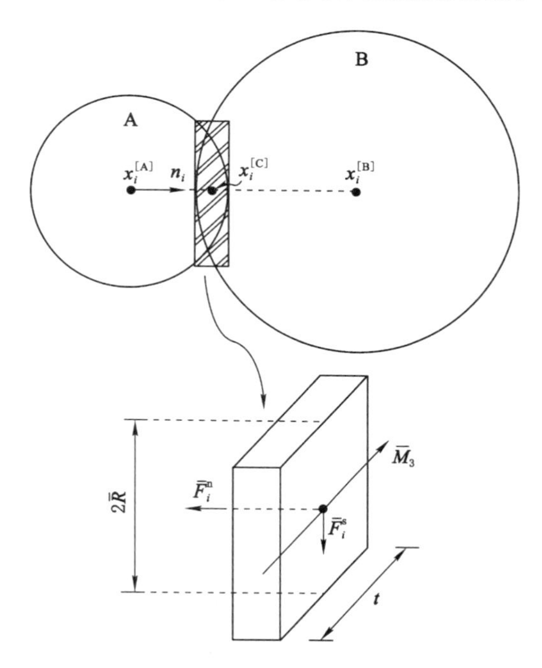

图 3-2　平行黏结模型示意图[194]

触点为中心的矩形接触截面上。在黏结材料中，由于法向平行黏结刚度 $\bar{k}^n$ 和切向平行黏结刚度 $\bar{k}^s$ 的设置，在接触处的相对运动就会导致力和力矩的出现，它们作用于两个黏结的颗粒，与黏结部分的边缘材料的最大法向或切向应力有关。如果任一最大应力超过相应的平行黏结强度，平行黏结都会断裂。平行黏结的颗粒 B 上总的力和力矩分别为 $\bar{F}_i$ 和 $\bar{M}_3$，力的法向/切向分量为 $\bar{F}_i^n$ 和 $\bar{F}_i^s$，时步 Δt 内的增量为 $\Delta\bar{F}_i^n\Delta\bar{F}_i^s$ 和 $\Delta\bar{M}_3$，由下式计算：

$$\begin{aligned} \bar{F}_i &= \bar{F}_i^n + \bar{F}_i^s \\ \Delta\bar{F}_i^n &= (-\bar{k}^n A\Delta U^n)n_i \\ \Delta\bar{F}_i^s &= -\bar{k}^s A\Delta U_i^s \\ \Delta\bar{M}_3 &= -\bar{k}^n I\Delta\theta_3 \end{aligned} \tag{3-5}$$

式中，ΔU^n 和 $\Delta\theta_3$ 分别为相对位移和相对转动量；A 和 I 分别为黏结截面面积和转动惯量，计算公式如下：

$$\begin{aligned} A &= 2\bar{R}t \\ I &= \frac{2}{3}t\bar{R}^3 \end{aligned} \tag{3-6}$$

新的力和力矩向量在原矢量基础上叠加计算。在黏结部分的表面，由梁理论可以计算出最大的拉应力和剪应力：

$$\sigma_{\max}=\frac{-\overline{F}^{n}}{A}+\frac{|\overline{M}_3|}{I}\overline{R}$$
$$\tau_{\max}=\frac{|\overline{F}_i^{s}|}{A} \tag{3-7}$$

如果最大拉应力超过法向平行黏结强度($\sigma_{\max}\geqslant\bar{\sigma}_c$)，或者最大剪应力超过切向平行黏结强度($\tau_{\max}\geqslant\bar{\tau}_c$)，那么平行黏结断裂。

(4) 颗粒块单元(clump)与颗粒簇单元(cluster)

颗粒块单元由几个颗粒组成，为刚性体。在计算过程中不考虑其内部接触，内部颗粒间即便相互重叠也不会产生接触力。但外部的接触模型仍然有效，外部的颗粒与块单元间的接触力会在计算中表现出来。因此，颗粒块单元整体上就像一个较大的刚性体，且组成它的颗粒永远不会分离。

颗粒簇单元由几个外围颗粒围绕一个中心颗粒构造而成。颗粒间通过特定的黏结模型黏结在一起，通过不同的颗粒数目和构造类型来模拟各种不规则形状的颗粒，通过黏结半径来控制簇单元内部颗粒的紧缩程度，如图 3-3 所示。内部颗粒之间有接触黏结或平行黏结关系，簇单元受力超过颗粒间黏结强度时，黏结断裂，簇单元破碎。因此，用颗粒簇单元模拟实际的岩石颗粒，能够反映出岩石颗粒受力情况下的破碎情况。

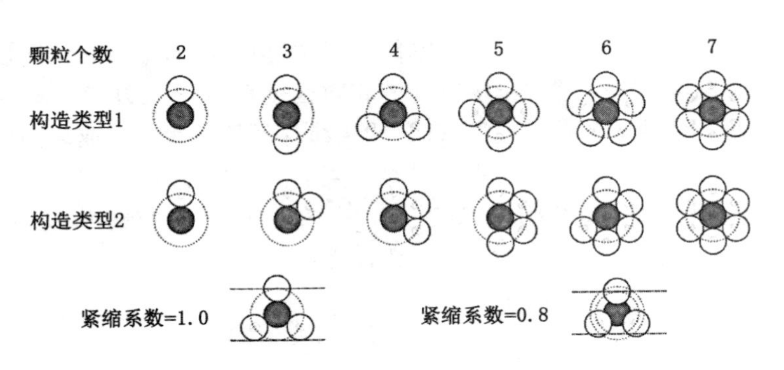

图 3-3 颗粒簇单元构造示意图[194]

3.1.3 计算步骤与细观参数的标定方法

利用颗粒流方法进行数值模拟计算的基本步骤为：

(1) 定义模拟对象。

（2）建立力学模型的基本概念，通过设计颗粒单元、选择接触类型、确定边界条件和分析初始平衡状态等步骤描述模型的大致特征。

（3）对简化后的模型进行构建并运行。

（4）添加模拟问题所需的数据资料，如几何特性、材料特性、初始条件、外荷载等。

（5）设定合理时步和监控点，保存文件，对模拟运行和后续结果调用做好充分的准备。

（6）对模型进行运行计算。

（7）整理结果。

细观参数的标定过程则是通过不断尝试，最终选取合适的细观力学参数，模拟出与其实际相符的宏观应力-应变曲线的过程。在模拟岩土力学问题时，通常是采用压缩、直剪试验等方法来进行参数的标定。本书采用单轴侧限压缩方法进行矸石充填体的细观参数的标定。

3.2　矸石充填体侧限压缩的颗粒流细观模拟

本节利用颗粒流 PFC 程序，分别用圆形颗粒和簇单元颗粒模拟矿渣混合料颗粒，建立两种与实际物料对应的矿渣混合料模型，进行侧限压缩数值试验，比较两种模型的应力-应变曲线，研究其应力-应变特征、颗粒体系力链的变化与传递以及颗粒在外荷载作用下的破碎、移动和重新排列等运动特征。

3.2.1　颗粒流数值试样

分别用圆形颗粒和簇单元颗粒模拟 2.1 节中的 S1、S2 两种矿渣充填体试样颗粒，建立与室内试验试样[图 3-4(a)]相同尺寸和级配的数值模型。粒径<5 mm 的认为是土颗粒，粒径>5 mm 的认为是石颗粒。石颗粒密度为 2 600 kg/m^3，摩擦因数为 0.8；土颗粒密度为 2 150 kg/m^3，摩擦因数为 1.8；底墙摩擦因数为 0.5，颗粒法向刚度和切向刚度分别为 k_n 和 k_s。簇单元试样中，每个簇单元由 7 个圆形颗粒组成，颗粒间采用平行黏结模型，法向平行黏结刚度和切向平行黏结刚度分别为 $\bar{k^n}$ 和 $\bar{k^s}$，法向平行黏结强度和切向平行黏结强度分别为 $\bar{\sigma}_c$ 和 $\bar{\tau}_c$，平行黏结半径为 $\bar{R}$。矿渣颗粒上方用一排圆形颗粒模拟加载面，如图 3-4(b)、(c)所示。然后模拟加载过程，测量应力-应变关系，并通过与室内试验结果比较，反复调整颗粒细观参数，最终选择参数见表 3-1。

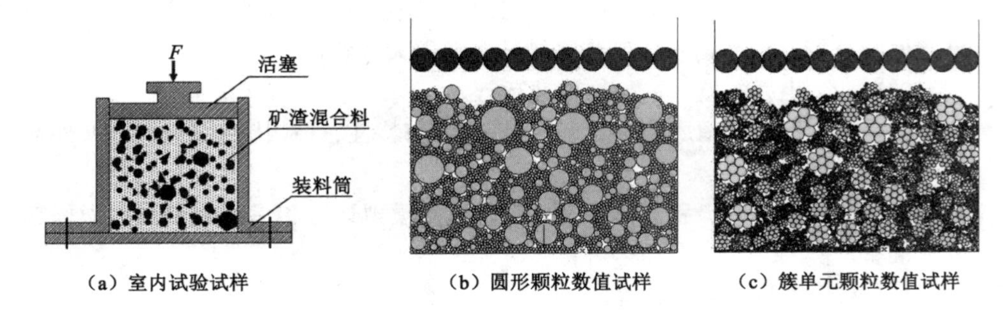

（a）室内试验试样　（b）圆形颗粒数值试样　（c）簇单元颗粒数值试样

图 3-4　矸石充填体侧限压缩室内试样与数值试样

表 3-1　矸石充填体侧限压缩数值模拟细观参数

试样	k_n /(10^8 N/m)	k_s /(10^8 N/m)	$\bar{k}^n$ /(10^8 Pa/m)	$\bar{k}^s$ /(10^8 Pa/m)	$\bar{\sigma}_c$ /kPa	$\bar{\tau}_c$ /kPa	$\bar{R}$
S1,S2	6	6	6	6	5	5	1

3.2.2　应力与应变关系

分别用圆形颗粒和簇单元颗粒模拟矿渣混合料颗粒，进行侧限压缩，得到应力-应变曲线，并与室内试验比较，如图 3-5 所示。

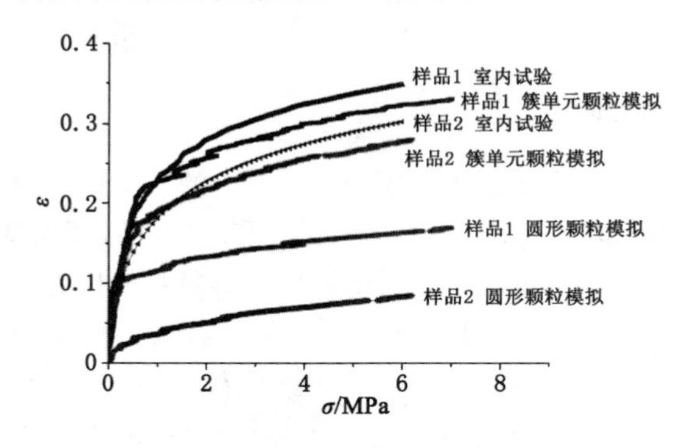

图 3-5　侧限压缩数值模拟应力-应变关系

矿渣混合料的压实过程分为两个阶段。第一阶段，混合料相对疏松，压实主要体现为颗粒接触逐渐紧密和骨架结构的形成；第二阶段，荷载逐步加大，粗大颗粒逐个发生破碎，体系受力状态重新调整，并重新进行压密作用过程。可以看出，利用簇单元颗粒模拟的两种样品的应力-应变曲线更接近于试验曲线，明显优于圆形颗粒模拟的情况。这是因为在颗粒流程序中，圆形颗粒是刚性的，不能破碎，加载过程中只能通过颗粒位置错动实现不断的密实，当孔隙变得很小而无法错动时，颗粒体的应力就会迅速上升，所以在应变较小时，应力就开始迅速增大，能实现上述第一阶段的过程，但后期无法实现矿渣颗粒破碎、位置错动和再次压密的第二阶段。而簇单元颗粒是由几个圆形颗粒黏结在一起的，在加载过程中，既能够发生位置错动，小的簇单元填充到孔隙中去，实现第一阶段，又能在个别簇单元颗粒受力较大时，发生簇单元颗粒的破碎，破碎后的几块又分别发生移动，从而真实地再现矿渣颗粒的破碎、移动、结构重组并再次压密的第二阶段。

3.2.3　力链分布

图3-6给出了圆形颗粒和簇单元颗粒模拟的侧限压缩过程的力链分布情况，力链的粗细代表力的强弱。可以看出，圆形颗粒试样中，整个加载过程中，绝大多数强力链始终通过一些较大的颗粒，力链分布不够均匀。尤其是加载的后期，大颗粒上的力非常大，但圆形颗粒又不能破碎，所以不能真实地反映矿渣颗粒加载过程中内部的力链分布和传递情况。簇单元颗粒试样中，加载初期，强力链首先集中于一些最先和加压板接触的颗粒中，随着加载的进行，一方面，颗粒位置错动，孔隙减小，力链变粗；另一方面，试样上的应力达到0.5 MPa左右时，受力大的簇单元颗粒开始破碎，棱角上的颗粒分离，力链也随之迅速变化，很快将力传递给周围的颗粒。到试样S1上应力达2 MPa、试样S2上应力达1.8 MPa左右时，整个试样中的力链分布都已变得较为均匀，这样，大多数颗粒都受力，也就促进了颗粒的位置错动和孔隙填充。在此之后，大部分簇单元颗粒已经破碎，体系力链形态逐渐趋于稳定，进入后期的压实过程。但后期仍有少数簇单元颗粒破碎，所以还会产生一些新的孔隙，这些位置的力链还会有所变化，对应体系骨架结构的微小变化。因此后期的应力-应变曲线增长速度逐渐变小，但又不像圆形颗粒模拟的曲线那样几乎为直线。可见，簇单元颗粒模拟的情况很好地反映了矿渣混合料在受压过程中的压密和破碎过程，同时体现出颗粒体骨架结构的不断调整。

3.2.4　颗粒破碎与运动

图3-7给出了簇单元颗粒在侧限压缩过程中的破碎与运动情况，图中颗粒圆心之间的细线表示簇单元颗粒的黏结。可以看出，压缩初期，簇单元黏结完好，均为六边形颗粒，颗粒间空隙较大，如图3-7(a)放大图所示。随着压缩的进行，试样上的应力达到0.5 MPa左右时，颗粒间的黏结开始断裂，簇单元颗粒开

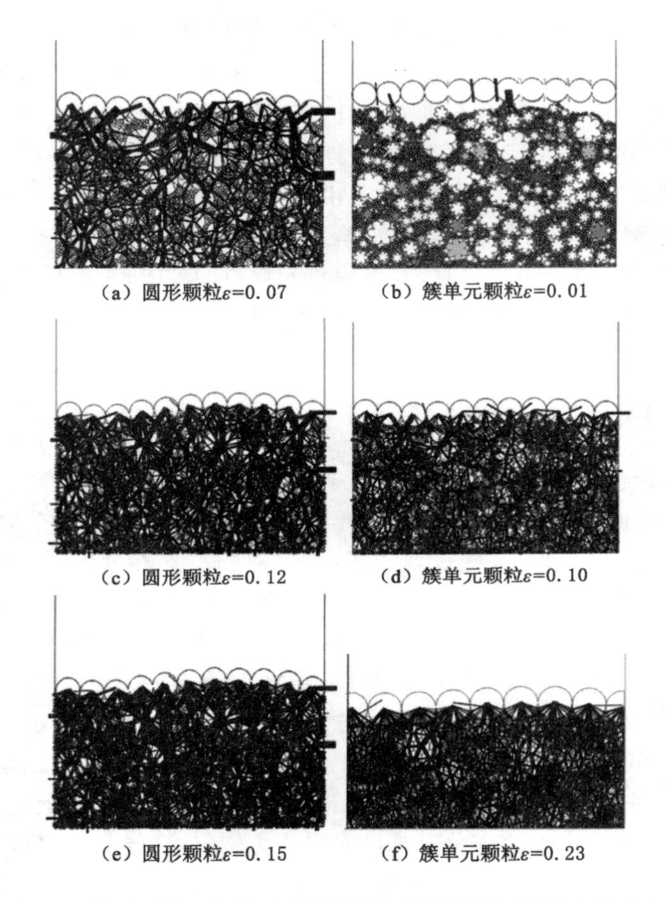

图 3-6　圆形颗粒和簇单元颗粒模拟的侧限压缩过程的力链分布

始破碎，如图 3-7(b)放大图所示的颗粒由六边形变成梯形，颗粒间空隙也变小。之后颗粒进一步破碎，棱角分离，如图 3-7(c)放大图所示的颗粒由梯形变成三角形，同时，破碎的棱角或碎片会向孔隙中填充，使颗粒体变得更加密实。从整个压缩过程来观察，试样 S1 上应力在 0.5～2 MPa、试样 S2 上应力在 0.5～1.8 MPa 之间时，体系簇单元颗粒间的黏结断裂最为集中，也就对应试样在加载过程中的集中破碎阶段，而这一阶段也是应力-应变曲线上由快速增长到慢速增长之间的过渡阶段。可见，利用簇单元颗粒模拟矿渣颗粒能真实地反映其破碎和位置错动，效果明显优于圆形颗粒模拟的情况。另外，簇单元颗粒与圆形颗粒相比，能更接近于真实的矿渣颗粒的形状，能反映出由于棱角的存在而导致的颗粒间互锁的现象。

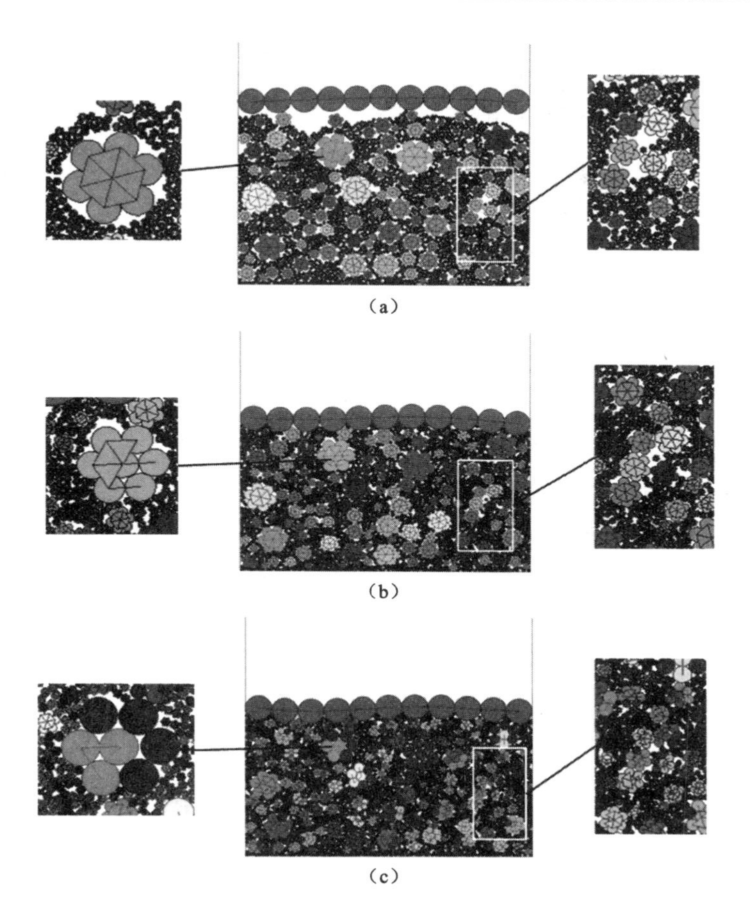

(a)

(b)

(c)

图 3-7　簇单元颗粒在侧限压缩过程中的破碎与运动情况

3.3　矸石充填体双轴压缩的颗粒流细观模拟

本节利用颗粒流 PFC 程序，在考虑颗粒破碎的前提下，建立不同含石率和黏结强度的矸石充填体模型，进行双轴压缩数值试验，研究充填体的应力、剪切带、颗粒破碎等特性，同时从细观角度实时观察充填体颗粒相对运动规律，研究颗粒在外荷载作用下的旋转、滑移、重新排列及其力链形态。

3.3.1　双轴压缩数值试样

矸石充填体由粒径较大的矸石颗粒和粒径较小的土颗粒组成。为研究不同含石率的矸石充填体的力学性质，本节建立含石率 10%～90%的 10 种试样，尺寸为 0.3 m×0.6 m，如表 3-2 所示。天然煤矸石中，粒径大于 5 mm 的颗粒质量百分比普遍大于 60%，有的甚至超过 80%，粒径级配较差[195]，适当添加小粒径的土颗粒能有效改变级配。本节将 5 mm 作为矸石颗粒与土颗粒的分界，矸石颗粒最大粒径 $d_{max}=30$ mm，$D/d_{max}=10$（D 为试样宽度），基本消除了试样的尺寸效应[196]，所有颗粒均设为单位厚度。为考虑压缩过程中矸石颗粒的破碎，将粒径 5～30 mm 均匀分布的矸石颗粒用簇单元颗粒模拟，粒径<5 mm 的土颗粒用 5 mm 的圆形颗粒模拟，如图 3-8 所示。矸石颗粒密度为 2 600 kg/m^3，摩擦因数为 1.0；土颗粒密度为 2 150 kg/m^3，摩擦因数为 0.8；底墙摩擦因数为 0.5，颗粒法向和切向刚度分别为 k_n 和 k_s。土颗粒间采用接触黏结模型，法向和切向黏结强度为 F_c^n 和 F_c^s；簇单元颗粒（矸石颗粒）由 6 个颗粒对称环绕 1 个颗粒黏结而成，颗粒边缘彼此相切，内部采用平行黏结模型，法向和切向刚度分别为 $\bar{k}^n$ 和 $\bar{k}^s$，法向和切向平行黏结强度分别为 $\bar{\sigma}_c$ 和 $\bar{\tau}_c$，平行黏结半径为 $\bar{R}$，黏结情况如图 3-8 中颗粒之间的细线所示。当颗粒间应力超过对应的黏结强度时，黏结断裂，簇单元颗粒发生破坏，颗粒间分离，从而模拟矸石颗粒出现裂纹或破碎的现象。为讨论颗粒间黏结强度对矸石充填体的影响，分别为 10 种试样赋予 2 组黏结强度，试样 1(a)～试样 9(a)的黏结强度较大，试样 1(b)～试样 9(b)的黏结强度较小。

表 3-2　矸石充填体双轴压缩试样含石率

	矸石颗粒质量百分比/%	土颗粒数	矸石颗粒数	总颗粒数
试样 1(a)，试样 1(b)	10	7 976	49	8 025
试样 2(a)，试样 2(b)	20	7 216	102	7 318
试样 3(a)，试样 3(b)	30	6 430	153	6 583
试样 4(a)，试样 4(b)	40	5 614	205	5 819
试样 5(a)，试样 5(b)	50	4 767	257	5 024
试样 6(a)，试样 6(b)	60	3 887	339	4 226
试样 7(a)，试样 7(b)	70	2 972	397	3 369
试样 8(a)，试样 8(b)	80	2 021	455	2 476
试样 9(a)，试样 9(b)	90	1 031	516	1 547

本章双轴试验是在围压 1 MPa 情况下进行的，由伺服程序来保证恒定的围压，同时自动计算在加载过程中的时间步长，最终加载速率为 0.4 m/s。在室内

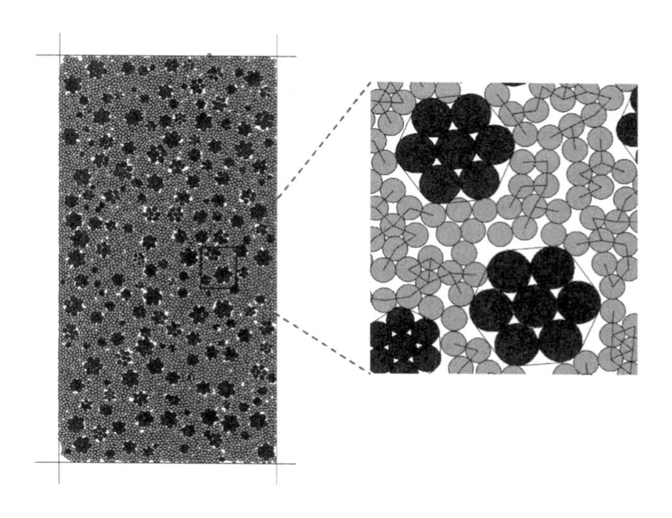

图 3-8　矸石充填体双轴压缩数值模型

试验的基础上[197]，经反复调整，具体细观参数取值见表 3-3。

表 3-3　双轴压缩数值模拟细观参数

	k_n /(10^8 N/m)	k_s /(10^8 N/m)	$\bar{k}^n$ /(10^8 Pa/m)	$\bar{k}^s$ /(10^8 Pa/m)	F_c^n /kN	F_c^s /kN	$\overline{\sigma_c}$ /kPa	$\overline{\tau_c}$ /kPa	$\bar{R}$
试样 1～9(a)	6	6	6	6	50	50	500	500	1
试样 1～9(b)	6	6	6	6	5	5	50	50	1

3.3.2　应力与应变关系

在离散元方法中，颗粒的位移及颗粒间接触力与材料的宏观力学响应的对应研究非常重要，但是颗粒介质的离散特性使这些量不能直接联系到连续模型中，也就是说，在每一个点上都连续的应力和应变是不存在的。所以，在离散介质中，采用平均应力和平均应变的概念来实现从微观尺度到连续体的过渡。在双轴压缩数值计算中，应力是通过墙体受到的平均作用力除以面积来计算的，x 和 y 方向的应变 ε 则通过式(3-8)计算：

$$\varepsilon = \frac{L - L_0}{\frac{1}{2}(L_0 + L)} \tag{3-8}$$

式中，L 是试样 x 或 y 方向的当前尺寸；L_0 是 x 或 y 方向的初始尺寸。

图 3-9 给出了不同含石率条件下的偏应力-轴应变曲线。可以看出，各试样均经历了完整的弹塑性过程。达到峰值强度前，基本符合弹性特征；随后进入软化阶段，偏应力逐渐减小；到第一个小值之后，又出现涨落。石颗粒黏结强度较大时，峰值强度均较大，峰后软化与涨落的现象也较为明显。矸石颗粒含量大于40％时，峰值强度随含石率增大而增大。

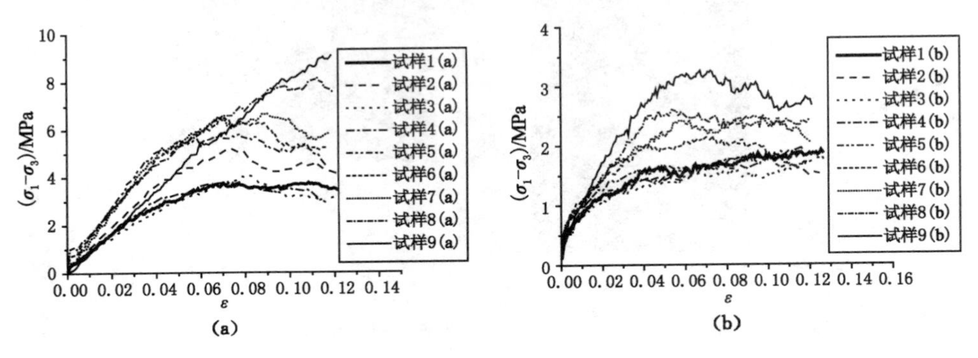

图 3-9 不同含石率条件下的偏应力-轴应变曲线

各试样的体应变-轴应变关系如图 3-10 所示。可以看出，各试样体系受压后，ε_v首先迅速减小，体系中的应力增加，此时表现为弹性应变。当弹性阶段结束，即将进入塑性阶段时，绝大多数试样体系达到最密实状态（ε_v最小），之后，ε_v开始缓慢增加，颗粒体系进入塑性阶段，之后还有部分试样出现了剪胀。含石率较大时，体系的体积变化幅度也较大；尤其是在石颗粒黏结强度较低时，ε_v迅速减小后又迅速增大。

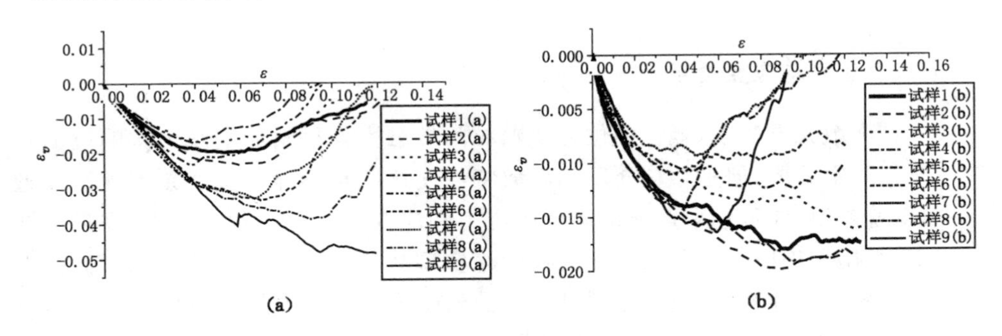

图 3-10 各试样的体应变-轴应变关系

选择试样 9(b)中的一个小区域进行放大，取不同轴应变的三个状态，进行对比观察，如图 3-11 所示。$\varepsilon=0.009\ 5$ 时，1 号簇单元颗粒基本在 3 号的正上方，与 2 号之间有空隙，4、5 号簇单元颗粒紧密接触，交错镶嵌，3、4、5 号开始发生破碎；$\varepsilon=0.068$ 时，3、4、5 号簇单元颗粒严重破碎，3 号上半部分仍在 1 号下方，下半部分发生水平错位。4 号的左半部分从簇单元上分离，5 号下部分离。4、5 号间的交错镶嵌开始松动，破碎部分在空隙中运动重排。$\varepsilon=0.103$ 时，1、3 号发生水平错位，1 号移动至 3 号右上方，与 2 号发生接触。在 5 号簇单元颗粒的挤压下，4 号的左半部分碎片继续分离并向下运动，与右半部分之间出现较大空隙。4、5 号之间的紧密接触消失。这说明体系内部发生了较为强烈的颗粒破碎、位置错动和结构重组。

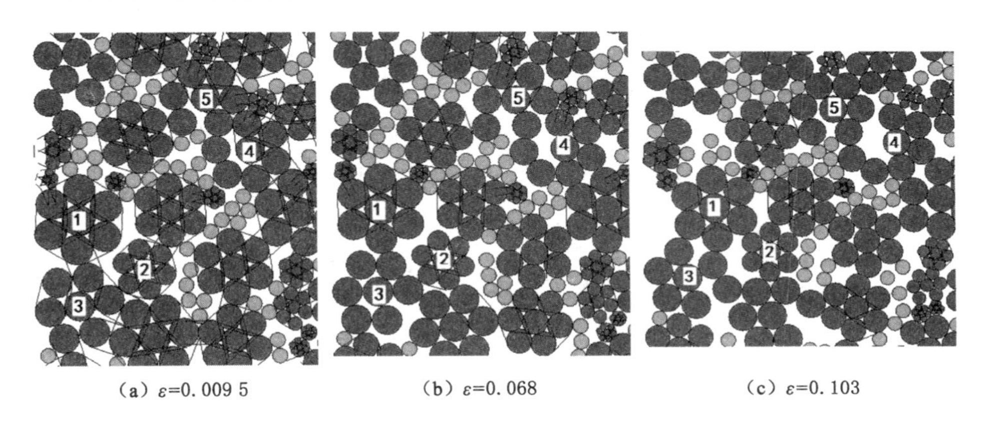

(a) ε=0.009 5　　(b) ε=0.068　　(c) ε=0.103

图 3-11　试样 9(b)某区域不同轴应变时刻的状态

3.3.3　剪切带与破碎率

以试样 5(a)为例，图 3-12 给出了不同轴应变对应的体系内部的速度场分布，说明剪切带的形成与发展。从图中可以看出，由初始点到 A 点，应变较小，体系表现出弹性特征，速度场整体上呈现较高的中心对称性，由于上下边界同时加载，所以上下边界附近的颗粒速度最大，中部颗粒的速度基本为零；随着 ε 的增加，颗粒体系进入塑性阶段，随后在 $B-C-D$ 阶段出现偏应力峰值，速度场逐渐显现出类似剪切带的分布；在 $D-E$ 阶段，颗粒的速度方向发生了明显的集中，逐渐向优势剪切方向发展，导致最终剪切带的形成。剪切带大致呈现不对称的 X 形，这是矸石充填体的颗粒粒径不均导致的。F 点速度场可以看出，形成的剪切带将体系大致分成几个区域，剪切带两侧各区域内颗粒整体运动，速度明显大于剪切带内的颗粒；而剪切带内的颗粒则因受剪切而发生了较大旋转。

另外，对于不同含石率的试样，剪切带的形状也有一定的区别。含石率较低时，速度场反映出的剪切带较为对称，与均质土体类似；含石率较高时，粗大的石

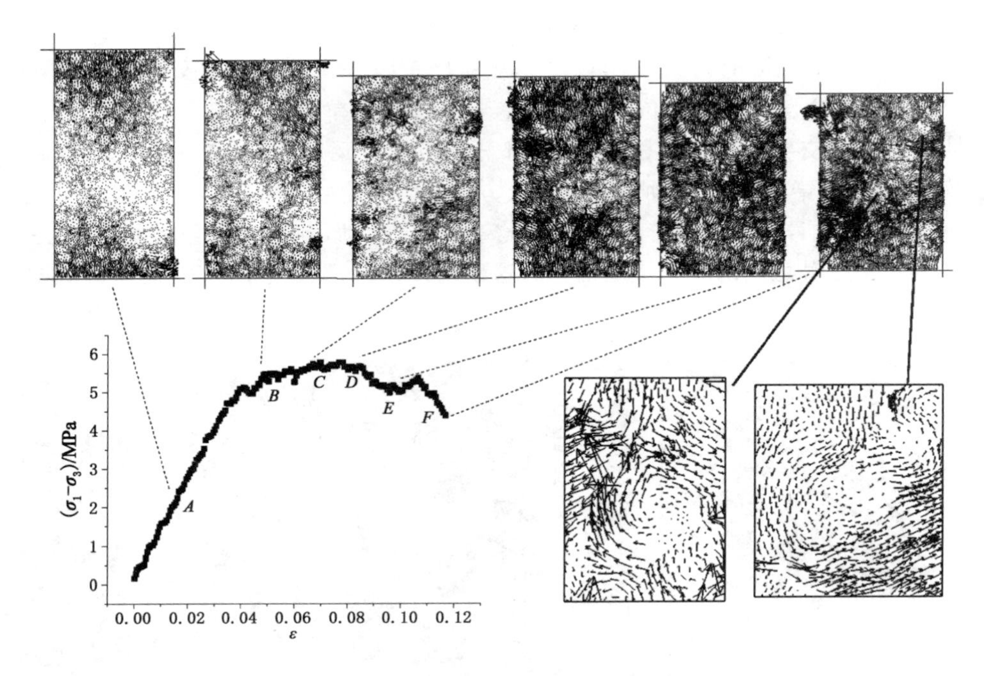

图 3-12　试样 5(a)内部速度场分布演化

颗粒在压缩过程中不断破碎成小颗粒，并进行重新排列，导致样本内出现许多细小裂纹并逐步发展成较大裂纹，使剪切带形状变得不规则，如图 3-13 所示。而且在含石率较高时，样本内孔隙较大的位置会出现个别颗粒速度迅速增大、对应颗粒间错位和移动的现象。

利用平行黏结断裂数目与初始总的平行黏结数目的比值来表示平行黏结破碎率[198]，可以反映石颗粒簇单元的破碎情况，如图 3-14 所示。黏结强度较小的试样 1(b)～试样 9(b)的破碎率明显高于黏结强度较大的试样 1(a)～试样 9(a)。

3.3.4　配位数与孔隙率

配位数 C 是指试样中颗粒的平均接触点数，定义为：

$$C = \frac{\sum_{N} n_i^C}{N} \quad (i = 1,2,3,\cdots,N) \tag{3-9}$$

式中，n_i^C 为颗粒 i 的接触点数；N 为总颗粒数。配位数能反映颗粒体系细观接触的特性，结合孔隙率 n，可以说明体系的密实程度和结构的稳定性。本节在试样的上、中、下部分别设置测量圆，监测配位数和孔隙率，取平均值。C 和 n 随轴

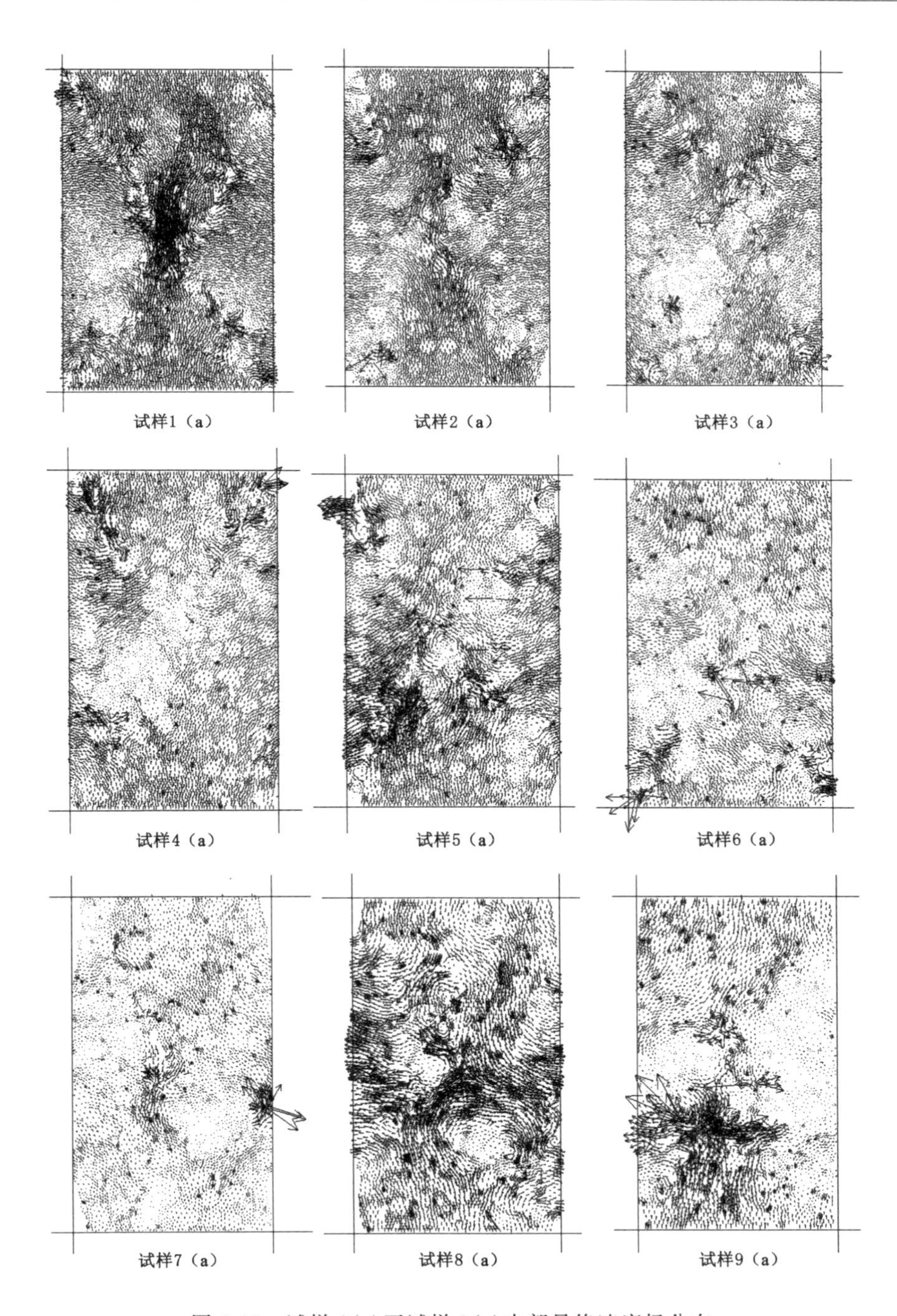

图 3-13　试样 1(a)至试样 9(a)内部最终速度场分布

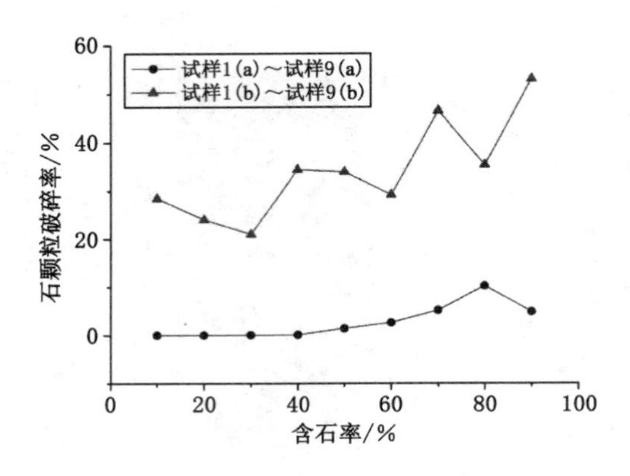

图 3-14　各试样矸石颗粒破碎率

应变的变化关系如图 3-15、图 3-16 所示。由图可见,含石率和黏结强度对体系配位数影响很大。初始阶段,用簇单元颗粒模拟的石颗粒保持图 3-8 所示的黏结情况和接触数,导致含石率越高或颗粒间黏结强度越大的体系 C 值越大;但含石率过高的体系孔隙率也较大。在加载前期,颗粒相互填充挤压,出现体缩现象,C 值随 ε 增加普遍增大,n 则减小。颗粒间的约束增强,摩擦力和咬合力增大,对应体系的强度增大,宏观偏应力增大。随着加载的进行,颗粒间越挤越紧,C 进一步增大,直到最密实的状态;峰值强度以后,体系趋于剪切破坏,颗粒间黏结大量断裂,用簇单元颗粒模拟的石颗粒发生破碎,体系出现裂纹,n 增大,C 减小,出现应变软化现象。颗粒间黏结较弱时,大多数黏结会随着应力增加而不断的断裂,含石率较低的体系密实程度主要取决于颗粒间孔隙,n 会随应力增大逐渐减小,C 值增大;含石率较高的体系 C 与 n 的变化情况与颗粒黏结强度较高的类似。

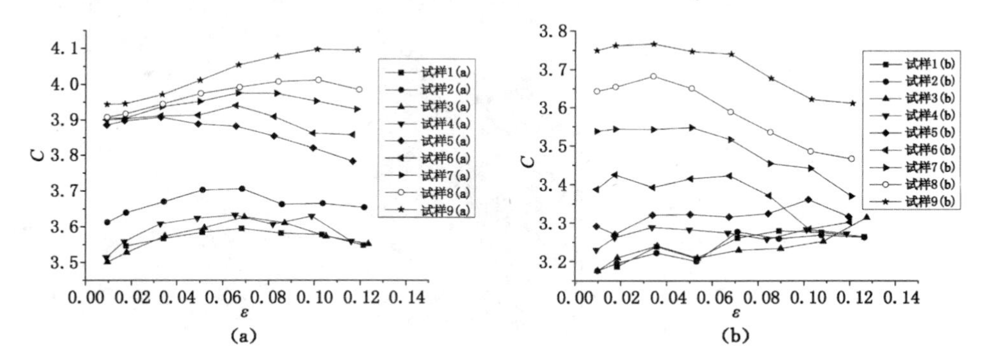

图 3-15　各试样配位数-轴应变关系

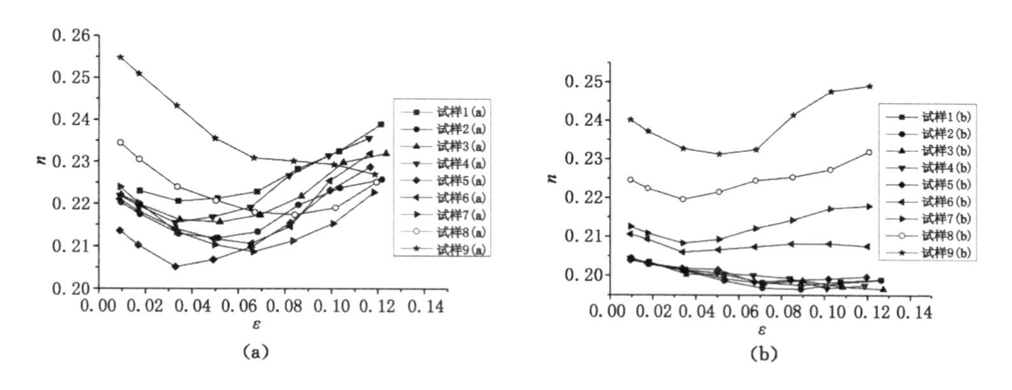

图 3-16　各试样孔隙率-轴应变关系

3.3.5　强力链与力链演化

颗粒物质力学中，依据体系内传递荷载的大小将力链分为强力链网络和弱力链网络，大于平均接触力的属于强力链网络。因为力链是在体系骨架的基础上进一步考虑了力的大小，所以通过力链的变化能够更精细地反映颗粒体系对外荷载的响应。在特定的外载荷和几何条件下，强力链发生频繁断裂和重构，决定着颗粒体系应力传播模式、破坏机理等[199]。本节提取了各试样在达到峰值强度之前的强力链网络，如图 3-17 所示。从图中可以看出，含石率不同时，体系力链大小、形态均有所不同。含石率 10％时，强力链大多在土体中传递，力链细碎、分散。含石率 30％时，强力链多数在矸石颗粒中传递，说明矸石颗粒已逐渐起到承载外部载荷的作用。同时强力链也大多沿轴向大主应力方向分布。含石率 50％时，强力链基本全部在矸石颗粒中传递，各条力链间的连接也较为紧密，载荷传递较为均匀。含石率大于 50％以后，强力链的贯通性逐渐下降，载荷传递变得越来越不均匀，某些小区域出现很大载荷，力链也相应发生倾斜。

颗粒体系的力链在外荷载影响下会发生断裂和重构，是应力传递的路径。图 3-18 为试样 5(a)不同阶段的力链变化情况，力链粗细程度反映力的强弱，黑色代表压力，灰色代表拉力。当 $\varepsilon=0$ 时，颗粒体系处于等向压缩状态，力链的空间分布比较均匀，形态以环状力链为主，相当于此时作用于边界的荷载由大部分颗粒均匀承担。当上下边界开始加载后，大主应力方向为竖直方向，水平方向为小主应力方向，力链的结构形态逐渐演变为柱状，方向与大主应力方向相同，平行于竖直方向，到 $\varepsilon=0.049$(偏应力峰值)时，力链出现非常明显强弱分布，强力链承担着竖直方向的荷载，弱力链虽然不承担荷载，但是对竖直方向的力链起到相当重要的支撑作用，阻止主力链发生弯曲。到 $\varepsilon=0.099$ 时，体系处于应力剪

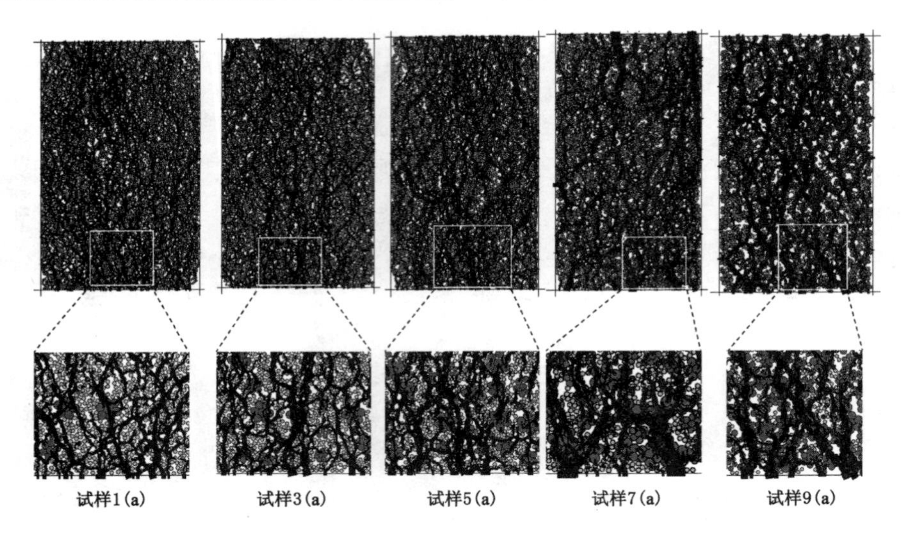

图 3-17　各试样在达到峰值强度之前的强力链网络

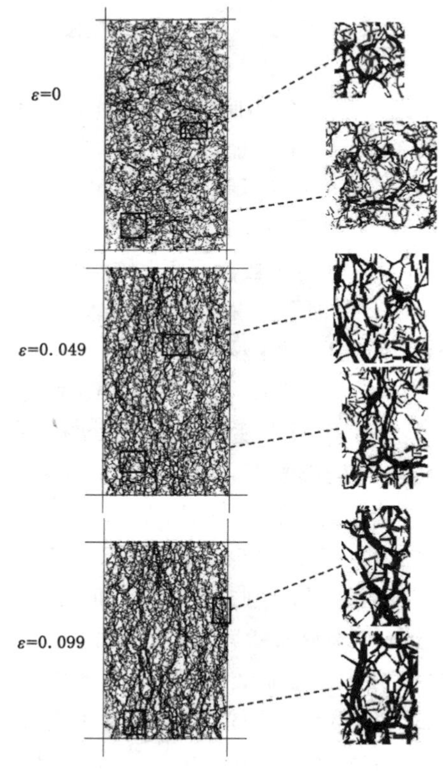

图 3-18　试样 5(a)的力链演化

胀阶段，局部的孔隙率开始变大，又出现环状力链，由于接触数的减少，弱力链对强力链的支撑也变少，伴随颗粒明显的旋转，所以环状力链非常不稳定，极易发生断裂，对应局部出现微裂纹。当许多个微裂纹逐渐发育后，就导致了剪切带的形成。这些特征与毕忠伟等[200]的研究成果类似。当颗粒体系形成了优势剪切带后，剪切带外部的力链形态仍为柱状，方向平行于竖直方向，而在剪切带内部的力链则发生了明显的弯曲，形成环状力链，说明在剪切带内颗粒体系的主应力发生了扭转。

3.4　本章小结

本章利用 PFC^{2D}程序，分别对矿渣混合料的侧限压缩和不同含石率的矸石充填体的双轴压缩进行数值模拟，分析其细观力学特征，得到以下结论：

(1) 通过与侧限压缩室内试验比较发现，利用簇单元颗粒模拟矿渣混合料所得的应力-应变曲线更加接近于实际，能很好地再现出加载过程中的初始压密的第一阶段和颗粒破碎、结构重组及再次压密的第二阶段；可以较好地反映出初始压密阶段的力链变化情况和簇单元颗粒破碎后力链的传递情况，体现出颗粒体系在受压过程中骨架结构的变化与调整。

(2) 各矸石充填体试样的双轴压缩均经历了完整的弹塑性过程。达到峰值强度前，基本符合弹性特征；随后进入软化阶段，偏应力逐渐减小；到第一个小值之后，又出现涨落。

(3) 双轴压缩加载过程中体系内部的速度场演化，可以反映剪切带的形成与发展。由于充填体的颗粒粒径不均，剪切带大致呈现不对称的X形。剪切带两侧各区域内颗粒整体运动，速度明显大于剪切带内的颗粒；剪切带内的颗粒则发生了较大旋转。体系颗粒配位数的变化规律与试样体积变化具有一定的关联性，同时受黏结强度和含石率的影响。含石率不同时，体系在双轴压缩过程中强力链大小、形态均有所不同。

第 4 章　振动推压过程中支架-充填体关系研究

在充填工艺中，除了改善土石级配以外，如何能使充填体在相同的极限推压力下获得更大的密实度也是影响充填效果的关键。而由于矸石充填体的非连续介质特性，其密实度又与其细观力学特性密切相关。本章基于离散单元法的颗粒流理论，从实际情况出发，建立矸石充填体模型，并对充填体投料及夯实机构推压过程进行模拟，同时给推压板添加振动机制，给出推压板应力与充填体密实性的关系，并讨论振动频率，振幅等对推压板夯实效果的影响。

4.1　充填采煤液压支架推压过程简介

综合机械化固体充填采煤液压支架外形如图 4-1 所示[201]。它是充填开采工作面的核心设备之一，其主要结构为前后两个顶梁、Y 形正四连杆、六柱支撑式。为了保证在同一支架的掩护下实现工作面前部采煤、后部充填，采煤与充填作业并举，在支架后顶梁和底座上分别安设了拉移充填输送机的机构和夯实机构，将固体充填材料向采空区充填并夯实。夯实机采用二级伸缩结构，可以有效减小支架的总体体积，同时提高了夯实率。

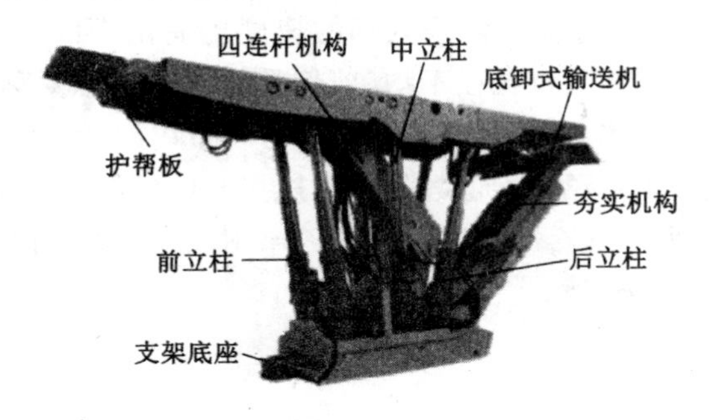

图 4-1　综合机械化固体充填采煤液压支架外形

在充填采煤液压支架工作过程中，矸石充填体由充填支架后顶梁的底卸式输送机投料，自由下落，再由充填支架的夯实机构向采空区推压夯实，如图 4-2 所示。夯实的效果直接影响到充填体的密实程度，继而影响充填开采后的岩层移动和地表沉陷情况。目前夯实机构采用千斤顶直接推压的方式，极限推压力为 2 MPa 左右。

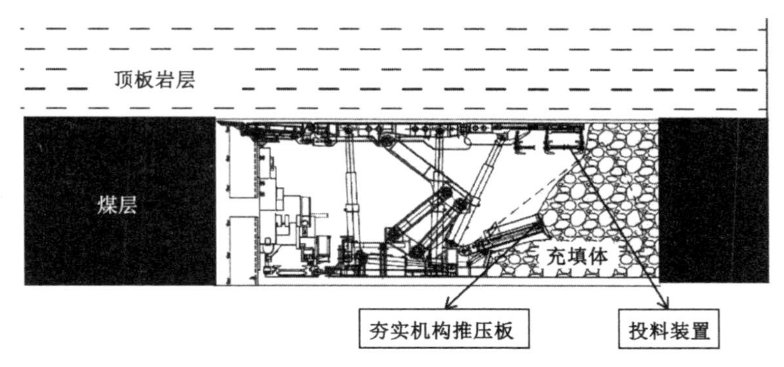

图 4-2　充填采煤液压支架充填推压部分示意图

4.2　颗粒流数值试样与计算方案

建立 4 道墙体，围成 4 m×4 m 的充填区域，Ⅰ、Ⅱ、Ⅲ号墙模拟采空区顶底板及后方充填密实区边界，Ⅳ号墙模拟充填综采液压支架的夯实机构推压板。分别在 4 m×4 m 的充填区域上方中部 2 m×0.5 m 宽度内连续 12 次生成充填体试样，如图 4-3(a)所示，令其在重力作用下自由下落至平衡，模拟充填综采液压支架的充填投料过程。试样中颗粒级配选择山西某矿区矸石料的级配组成，含石率 63%。总颗粒数为 8 757 个，其中粒径>5 mm 的为矸石颗粒，共 729 个，考虑到计算效率，土颗粒的粒径均取 5 mm，共 8 028 个，如图 4-3(b)所示。粒径为 d，密度为 ρ，法向、切向刚度为 k_n、k_s。颗粒间采用接触黏结模型，法向、切向黏结强度为 F_c^n、F_c^s；摩擦因数为 μ。经过与室内压缩试验[197]的反复对比调整，最终确定细观参数的取值，如表 4-1 所示。

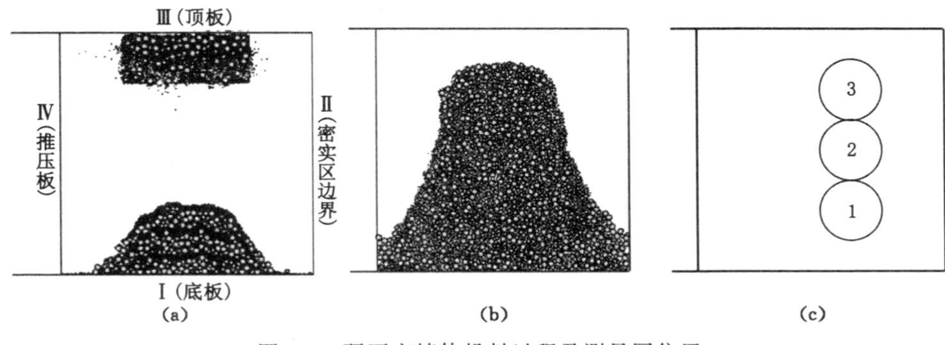

图 4-3　矸石充填体投料过程及测量圆位置

表 4-1　振动推压数值模拟参数

参数	取值	参数	取值
d_{stone}/mm	5～100	d_{soil}/mm	5
ρ_{stone}/(kg/m³)	2 600	ρ_{soil}/(kg/m³)	2 150
$k_{n-stone}$/(10^8 N/m)	7.6	k_{n-soil}/(10^8 N/m)	7.6
k_{n-soil}/(10^8 N/m)	6	k_{s-soil}/(10^8 N/m)	6
F_c^n/kN	50	F_c^s/kN	50
μ	1.8		

投料完成后，Ⅰ、Ⅱ、Ⅲ号墙体保持静止，左侧Ⅳ号墙体模拟的推压板向右运动，模拟推压过程。给推压板一个水平向右的基础推压速度 v_0，同时引入振动机制，令其水平位移 x 如式(4-1)所示：

$$x = v_0 t + A\cos 2\pi f t \tag{4-1}$$

式中，A 为振幅；f 为频率；t 为时间。在 v_0 = 0.1 m/s 的情况下，改变 A 和 f，进行 13 组平行计算，如表 4-2 所示，模拟无振动及不同的 A 和 f 振动情况下的推压板推压过程，然后讨论振动对推压板应力变化情况、充填体内部密实程度及力链分布的影响。

表 4-2　振动推压数值计算规划

序号	A/m	f/Hz	序号	A/m	f/Hz	序号	A/m	f/Hz
1	0	0	6	0.005	5	10	0.005	20
2	0.010	5	7	0.010	5	11	0.010	20
3	0.010	10	8	0.015	5	12	0.015	20
4	0.010	20	9	0.020	5	13	0.020	20
5	0.010	40						

4.3　振动对推压板应力的影响

分别模拟了上述 13 种振动推压过程，将每种情况下推压板水平向右行进过程中的水平应力 σ_x 记录下来，作出 σ_x 关于推压板水平位移 x 的图线，并利用 origin 软件中的寻找峰值的功能，找到 σ_x 变化过程中的峰值，如图 4-4 所示。由于篇幅限制，这里只给出 A=0.01 m，f=5 Hz 时的 σ_x-x 曲线及峰值趋势。

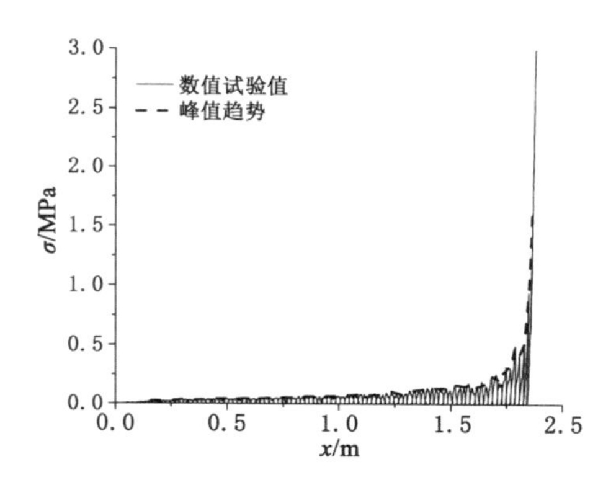

图 4-4　夯实机构推压板水平应力与推压板水平位移关系

4.3.1　频率对推压板应力的影响

在振幅 $A=0.01$ m 的条件下，找到不同频率条件下 σ_x 的峰值，并与无振动情况（$f=0$）进行比较，如图 4-5 所示。可以看出，当 $x<1.5$ m 时，有无振动情况的 σ_x 均随 x 增大而缓慢增大；当 $x>1.5$ m 以后，无振动情况 σ_x 的增大速度明显大于有振动情况下 σ_x 的增大速度。$x=1.726$ m 时，无振动 σ_x 已经增大到 1 MPa，而有振动的 σ_x 则普遍在 0.3 MPa 以下；$x=1.761$ m 时，无振动 σ_x 已经增大到 2 MPa，而有振动的 σ_x 则普遍在 0.35 MPa 以下。这说明振动能有效减缓推压板的应力增加速度，推压相同距离，有振动时的 σ_x 远小于无振动时的 σ_x。在充填开采支架的夯实机构推压过程中，推压板的极限应力一般不超过 2 MPa，本章模型条件下，传统的无振动推压极限距离为 1.761 m，而有振动推压极限距离能达到 1.85～1.90 m，大大提高了推压效果。

由图 4-5 还可以看出，在有振动情况下，当 $x<1.5$ m 时，f 越大，σ_x 的峰值的波动幅度和均值也越大，但均小于 0.2 MPa，说明充填体颗粒振动随 f 增大而加剧，流动性增强，与推压板的碰撞变得更加频繁和剧烈，同时振动又不会对推压板造成过高的应力负担，只令其应力小幅增加。当 $1.5<x<1.8$ m 时，$f=5$ Hz 和 10 Hz 的 σ_x 波动较大，$f=20$ Hz 和 40 Hz 的 σ_x 继续平稳缓慢的增大。当 $x>1.8$ m 以后，σ_x 均迅速增大，且 x 相同时，f 越小，σ_x 越大。说明在推压的最后阶段，增大振动频率能有效减缓推压板应力增大速度，降低夯实机构消耗能源，提高夯实效果。

4.3.2　振幅对推压板应力的影响

图 4-6 和图 4-7 给出 $f=5$ Hz 和 $f=20$ Hz 时，振动振幅 $A=0.005$ m，

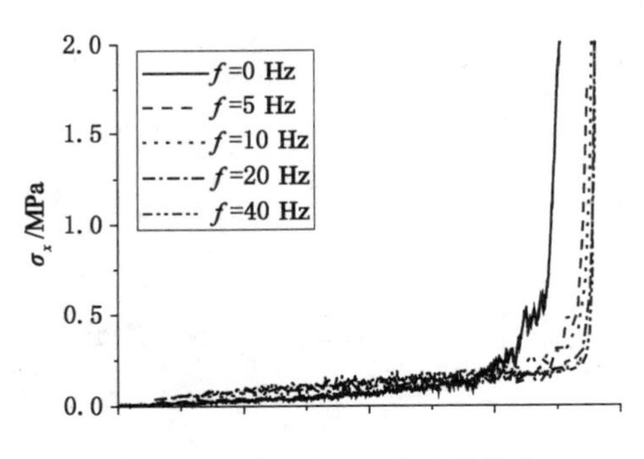

图 4-5　频率对 σ_x-x 关系的影响

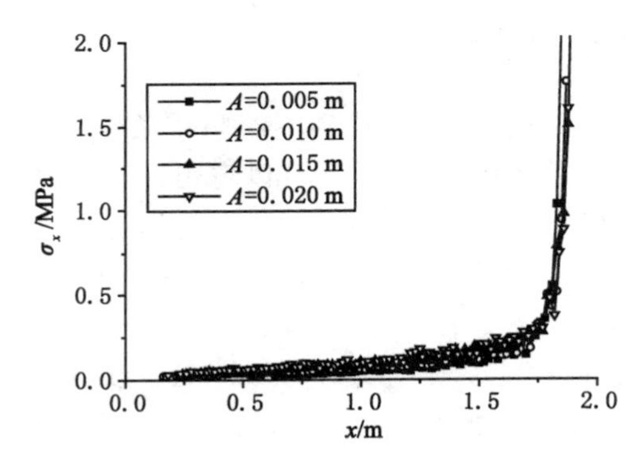

图 4-6　振幅对 σ_x-x 关系的影响(f=5 Hz)

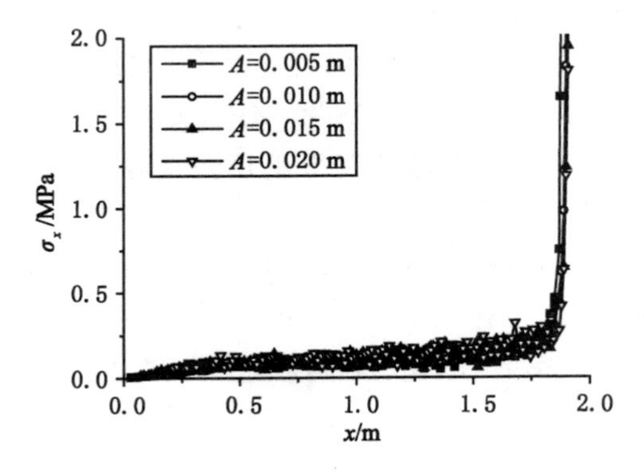

图 4-7　振幅对 σ_x-x 关系的影响(f=20 Hz)

0.010 m，0.015 m，0.020 m 几种情况的 σ_x 峰值变化情况。由于振幅越大，推压板与充填体颗粒碰撞、挤压越剧烈，所以当 $x<1.7$ m 时，A 越大，σ_x 越大。当 $x>1.8$ m 以后，σ_x 迅速由 0.5 MPa 增大至 2 MPa。相同极限应力情况下，A 越大，振动能量越高，传递的距离越远，充填体颗粒的重排力度越大，所以 x 越大，推压距离越大，夯实效果越好。整体看，振幅对 σ_x 的影响没有频率的影响大。

4.4　振动对充填体孔隙率的影响

利用 PFC 中的测量圆功能，在采空区模型中设置了 3 个测量圆，圆心距离右侧 2 号墙体均为 1.5 m，高度分别为下部 $y=1$ m、中部 $y=2$ m 和上部 $y=3$ m，半径均为 0.5 m，如图 4-3(c)所示。

分别在推压板无振动和不同频率及振幅的振动推压条件下，将充填体被推压过程中 3 个测量圆区域的孔隙率 n 记录下来，可以作出 n 关于推压板水平位移 x 的图线，这里只给出 $A=0.01$ m 时，$f=5$ Hz、10 Hz、20 Hz、40 Hz 以及无振动 $f=0$ 的情况下充填体各部分 n 的数值试验值。

4.4.1　频率对孔隙率的影响

由于振动导致孔隙率数据较为繁乱，所以利用 Visual Signal 软件中的趋势分析功能，找到 n 的变化趋势，图 4-8～图 4-10 给出振幅一定条件下，频率对充填体各部分 n 的影响。由于充填体上部颗粒在推压过程中流动性较强，所以只给出 n 在 $x>1.5$ m 以后的变化趋势。

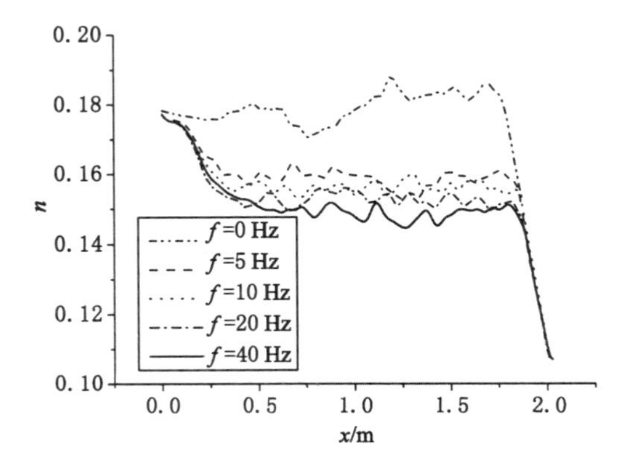

图 4-8　频率对充填体下部孔隙率的影响($A=0.01$ m)

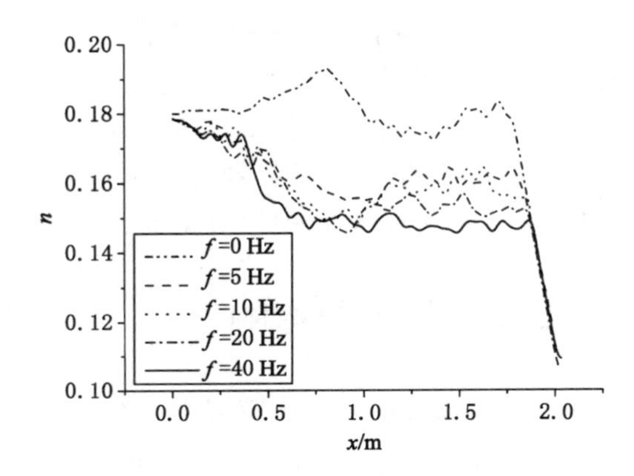

图 4-9 频率对充填体中部孔隙率的影响($A=0.01$ m)

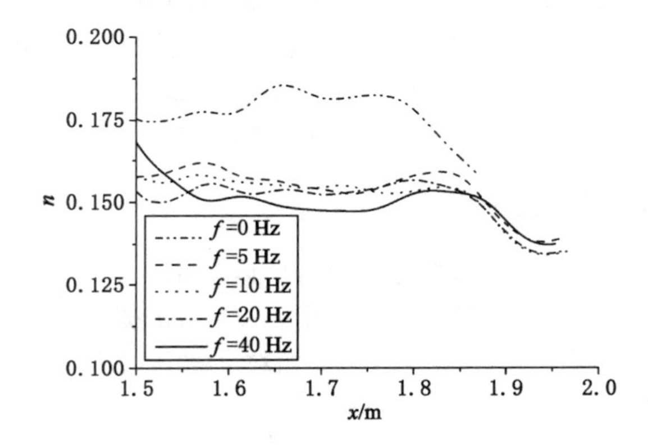

图 4-10 频率对充填体上部孔隙率的影响($A=0.01$ m)

可以看出,振动对充填体各部分的孔隙率影响较大。首先,有振动情况下各部分的 n 均明显小于无振动 $f=0$ 的情况,说明推压板的振动有效地加剧了颗粒的运动,充填体产生"内部液化"[202],孔隙被填充,提高了密实度。其次,频率对充填体下部和中部的 n 影响较为明显,相同位移 x 条件下,f 越大,颗粒运动越剧烈,内部孔隙也越容易被填充,所以 n 也越小。最后,充填体上部是最松散的,推压和振动都会导致上部颗粒强烈的流动,由此会不断出现新的孔隙和颗粒不断充填孔隙,所以上部 n 与 f 没有明显的对应关系。

4.4.2 振幅对孔隙率的影响

图 4-11 给出了 $f=5$ Hz 和 $f=20$ Hz 两种情况下,充填体各部分的孔隙率随位移的变化规律。可以看出,频率 $f=5$ Hz 时,振幅对 n 的影响整体较小,

$x<1.5$ m 时几乎没有区别；但是在推压 $x>1.5$ m 以后，不同振幅对应的 n 变化趋势区别变得较为明显，充填体下部的 n 随 A 增大而减小[图 4-11(a)]，充填体中部 n 在 $A=0.015$ m 时最小[图 4-11(b)]，充填体上部 n 变化较复杂[图 4-11(c)]，但在 $1.8<x<1.87$ 时，充填体上部 n 区别明显，$A=0.005$ m 时，n 会有一个明显的波动，最后 n 在 $A=0.015$ m 和 $A=0.020$ m 时最小，而

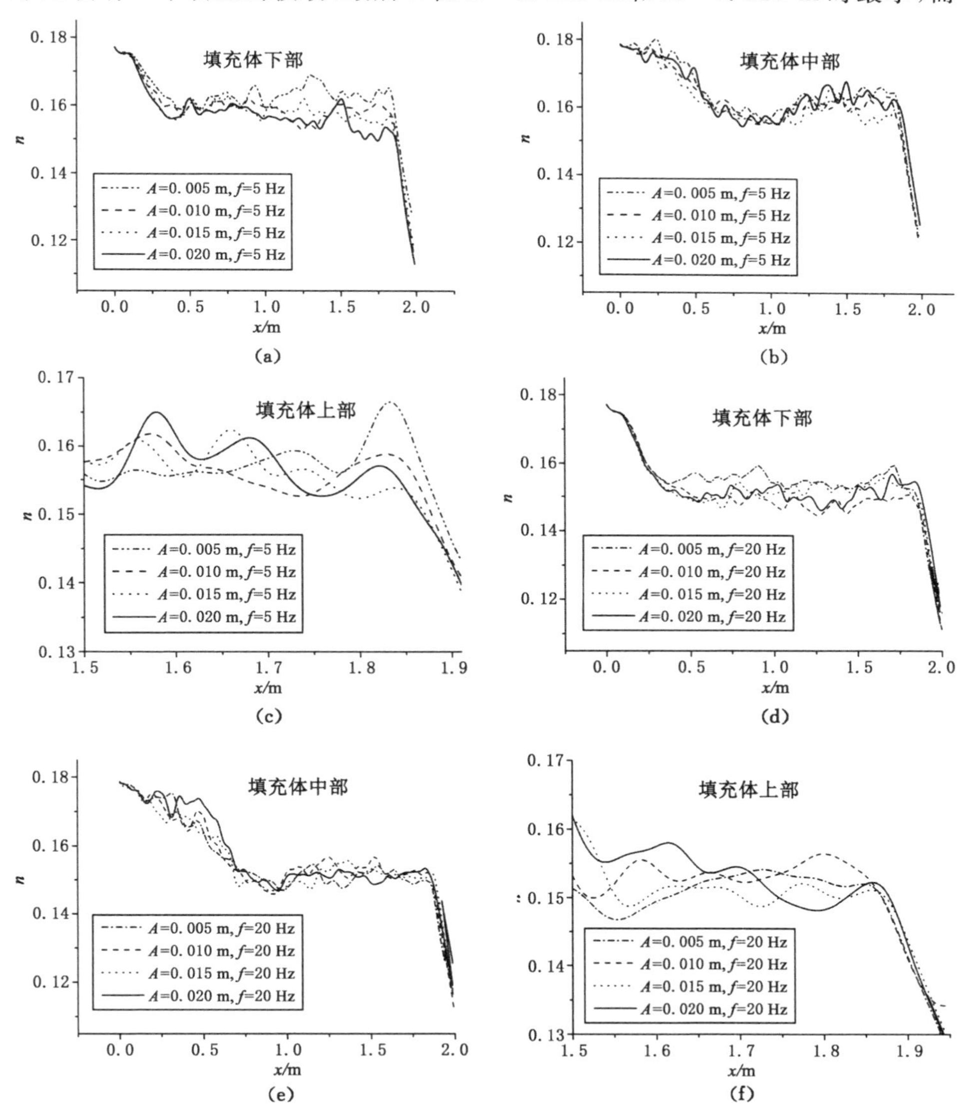

图 4-11　振幅对充填体各部分孔隙率的影响

这个阶段正是推压板应力逐渐升高达到 1 MPa 的过程。总体上看，增大振幅还是有利于颗粒间孔隙的填充，并在推压的最关键阶段起到有效降低孔隙率、提高密实度的作用。这些结论与 S. Remond[115] 对单一粒径颗粒体系振动条件下的密实性研究结论较为一致，说明较大振幅的振动能使颗粒系统进入“悬浮”状态，压实可能性增大。频率 $f=20$ Hz 时，振幅对 n 的影响更小，充填体中部和下部几乎完全相同，上部 n 会在推压板的行进过程中出现较大的波动，这也是推压板的高频振动导致的。

4.5 振动对充填体形态的影响

以振幅 $A=0.01$ m，不同频率为例，将充填体被推压过程中几个特殊位置的充填体形态记录下来，如表 4-3 所示。比较推压板有无振动条件下，充填体左侧堆积高度 y_1、右侧堆积高度 y_2、左侧堆积角度 α 和右侧堆积角度 β（图 4-12），将不同位移状态下的形态参数 y_1、y_2、α 和 β 值记录下来，见表 4-4。

表 4-3 矸石充填体振动推压过程形态演化

f/Hz	$x=0.36$ m	$x=0.78$ m	$x=1.20$ m	$x=1.48$ m	$x=1.82$ m
0		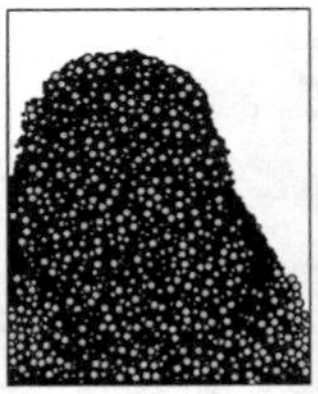	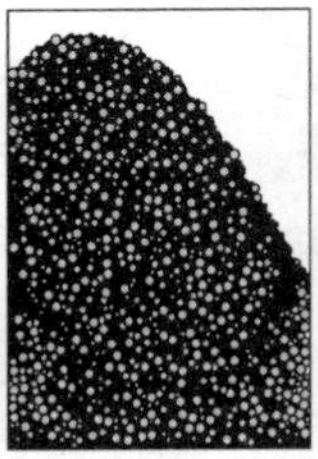	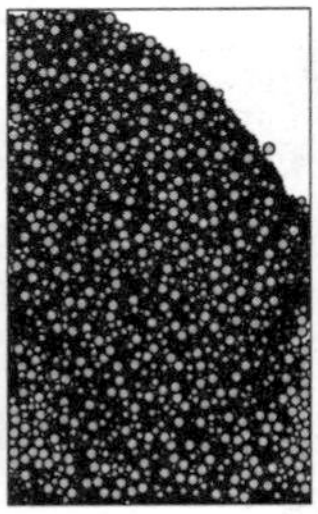	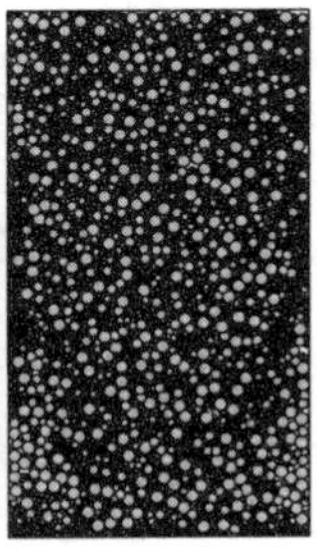
5	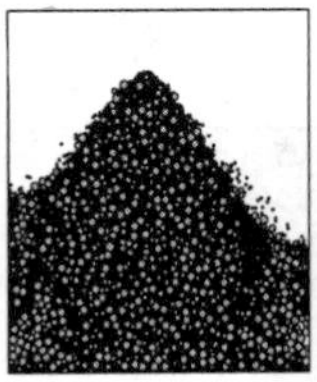		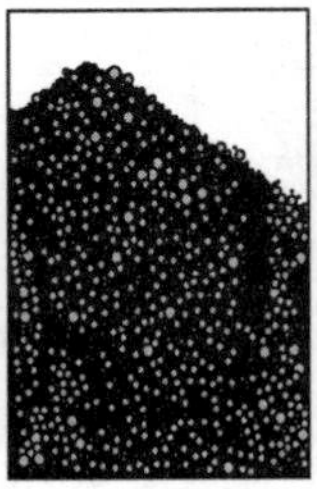	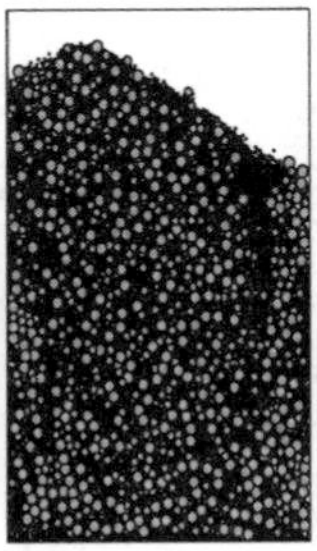	

表 4-3(续)

f/Hz	x=0.36 m	x=0.78 m	x=1.20 m	x=1.48 m	x=1.82 m
20	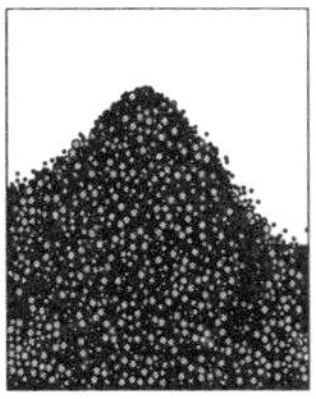	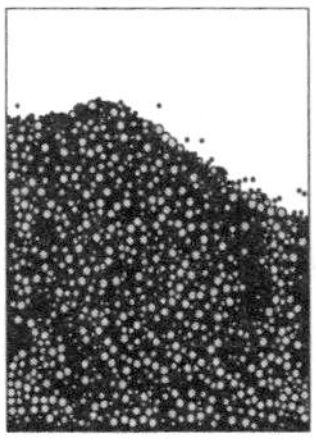	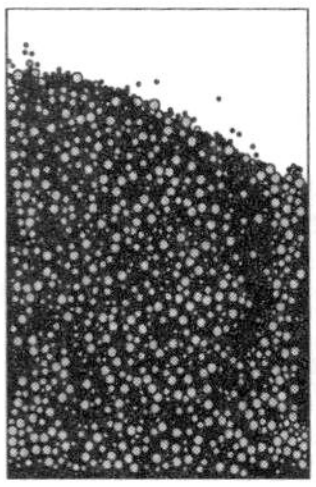	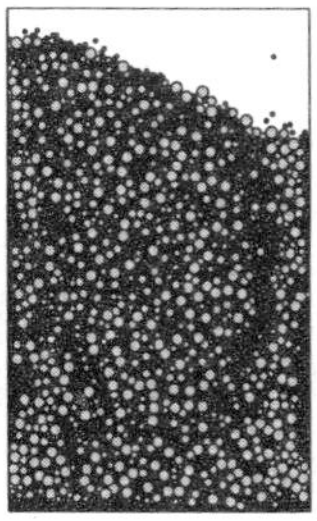	
40	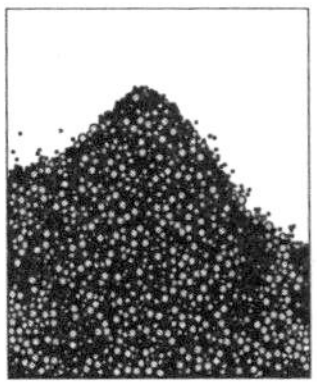	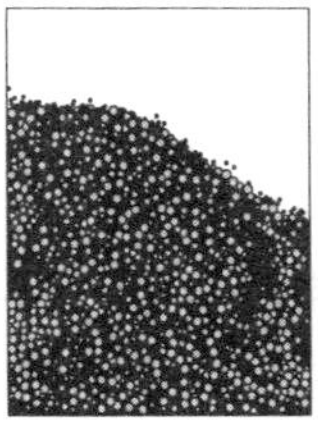	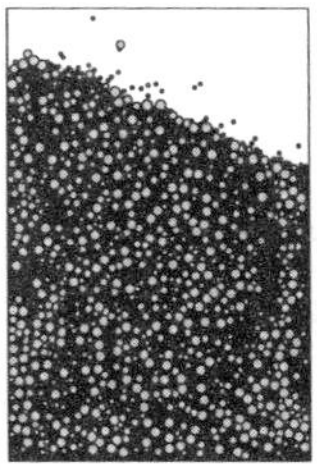	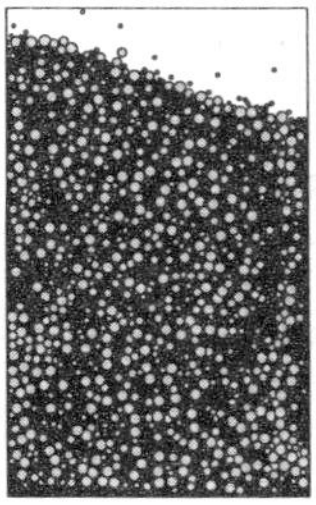	

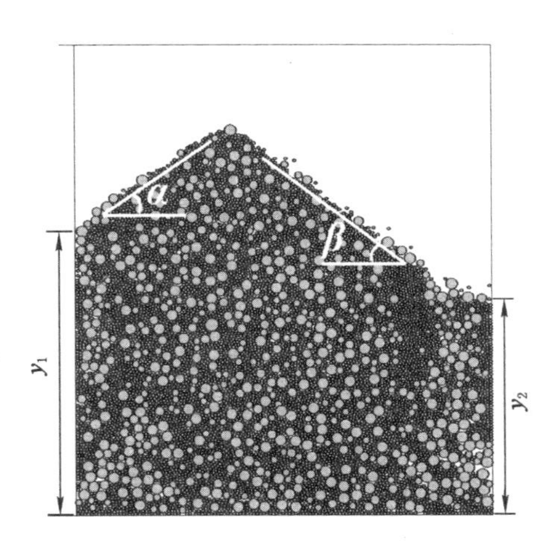

图 4-12　矸石充填体两侧堆积高度与堆积角度示意图

从表 4-3 和表 4-4 中可以看出，推压初期 x=0.36 m 时，无振动条件下，充填体初始的平衡结构基本没有破坏，只是在靠近推压板的左侧表层有部分颗粒滑落；相同位移，有振动条件下，充填体初始的平衡结构基本都已破坏，充填体上部颗粒发生明显的滑落流动，两侧堆积高度 y_1 和 y_2 都明显增大，堆积角度 α 和 β 明显减小。随着推压的进行，无振动情况还是主要以左侧推压为主，充填体形态基本不变，上部颗粒滑落主要出现在左侧，y_1 增大较快；而有振动条件下，y_1 和 y_2 均出现明显增大。且有振动频率 f 越高，y_1 越大，α 和 β 越小。到 $x=0.78$ m 时，$f=20$ Hz 和 $f=40$ Hz 的充填体左侧 α 已经非常小，接近水平；到 $x=1.48$ m 时，$f=20$ Hz 和 $f=40$ Hz 的充填体右侧 β 也明显小于无振动和低频振动的情况。这说明振动频率的升高可以提高充填体的流动性，使充填体的上部变得更为平坦，推压后期接顶效果也越好。

表 4-4　不同频率及位置条件下的充填体形态参数

		$x=0.36$ m	$x=0.78$ m	$x=1.20$ m	$x=1.48$ m	$x=1.82$ m
y_1/m	$f=0$ Hz	1.103	2.174	3.414	3.938	—
	$f=5$ Hz	1.922	2.416	3.113	3.435	3.96
	$f=20$ Hz	2.053	2.767	3.272	3.685	3.986
	$f=40$ Hz	2.121	2.961	3.426	3.71	3.987
y_2/m	$f=0$ Hz	0.645	0.672 7	1.564	2.351	—
	$f=5$ Hz	1.356	1.783	2.267	2.773	3.685
	$f=20$ Hz	1.454	1.943	2.475	2.936	3.686
	$f=40$ Hz	1.391	1.904	2.572	3.023	3.778
α/(°)	$f=0$ Hz	65.71	66.05	36.01	15.33	—
	$f=5$ Hz	47.16	37.40	32.47	30.11	0.00
	$f=20$ Hz	42.29	18.24	25.99	10.73	0.00
	$f=40$ Hz	39.17	3.13	20.21	1.37	0.00
β/(°)	$f=0$ Hz	60.95	64.13	57.20	46.52	—
	$f=5$ Hz	53.22	40.98	33.77	31.86	26.66
	$f=20$ Hz	51.86	32.74	25.58	26.28	18.48
	$f=40$ Hz	49.83	32.65	22.04	19.70	12.99

4.6　振动对充填体力链及颗粒速度的影响

为研究振动对充填体细观性质的影响，选择推压板振幅 $A=0.01$ m、频率 $f=5$ Hz、位移 $x=0.75$ m 时，一个振动周期内的力链分布[图 4-13(a)～图 4-13(e)]

和速度分布[图 4-14(a)至图 4-14(e)]并记录下来，与推压板无振动时充填体的力链[图 4-13(f)]和速度分布[图 4-14(f)]作比较。

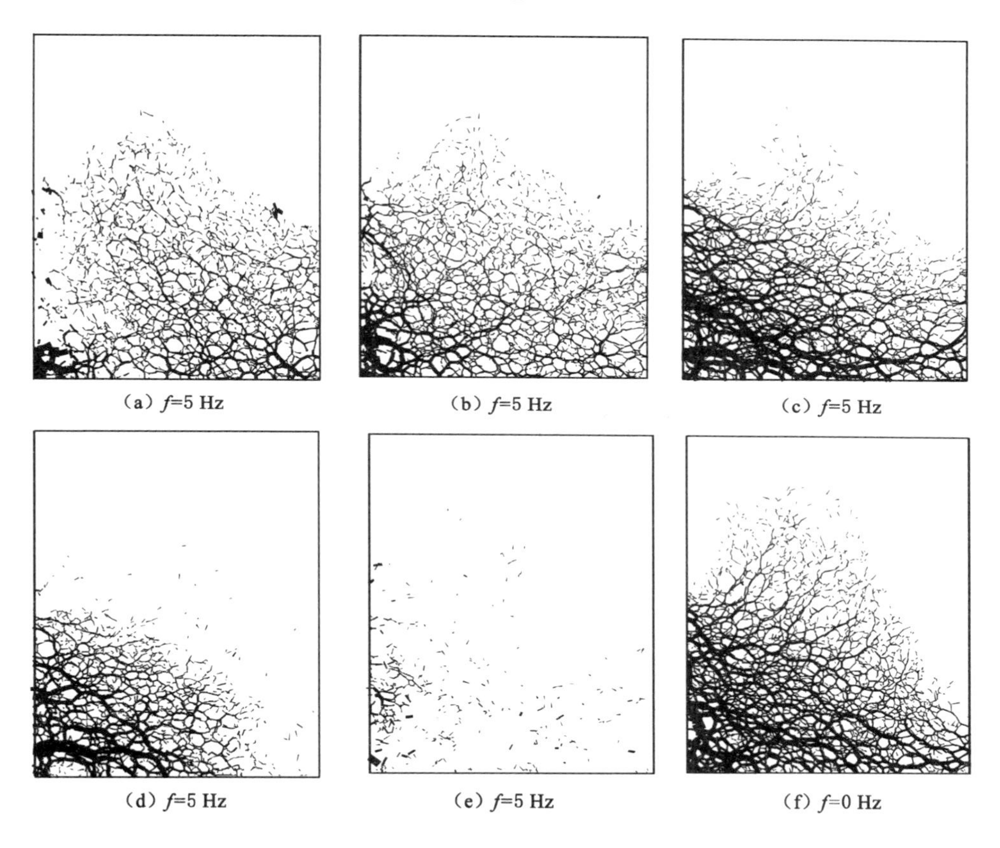

图 4-13　一个振动周期内力链演化过程及无振动情况下的力链分布(A=0.01 m，x=0.75 m)

可以看出，有振动条件下，整个振动周期内充填体的力链和速度变化非常明显，力链迅速发育，强力链最初在左下角出现[图 4-13(a)]，与推压板接触的颗粒速度方向杂乱无章[图 4-14(a)和图 4-14(b)]，说明颗粒在推压板与充填体之间的缝隙中出现错位、旋转和翻滚。之后强力链很快延伸到整个充填体内[图 4-13(b)]，绝大多数颗粒的速度也迅速增大，到图 4-13(c)时力链发育到最强，中下部走向呈水平趋势，整体较为均匀；颗粒速度方向具有较强的一致性，从左侧的水平向右逐渐过渡到上部的竖直向上，说明充填体中大多数颗粒发生了移动，整体流动性明显，如图 4-14(c)所示。之后强力链又迅速断裂、消退，对应推压板的回缩过程[图 4-13(d)]。颗粒体逐渐由整体流动变为分

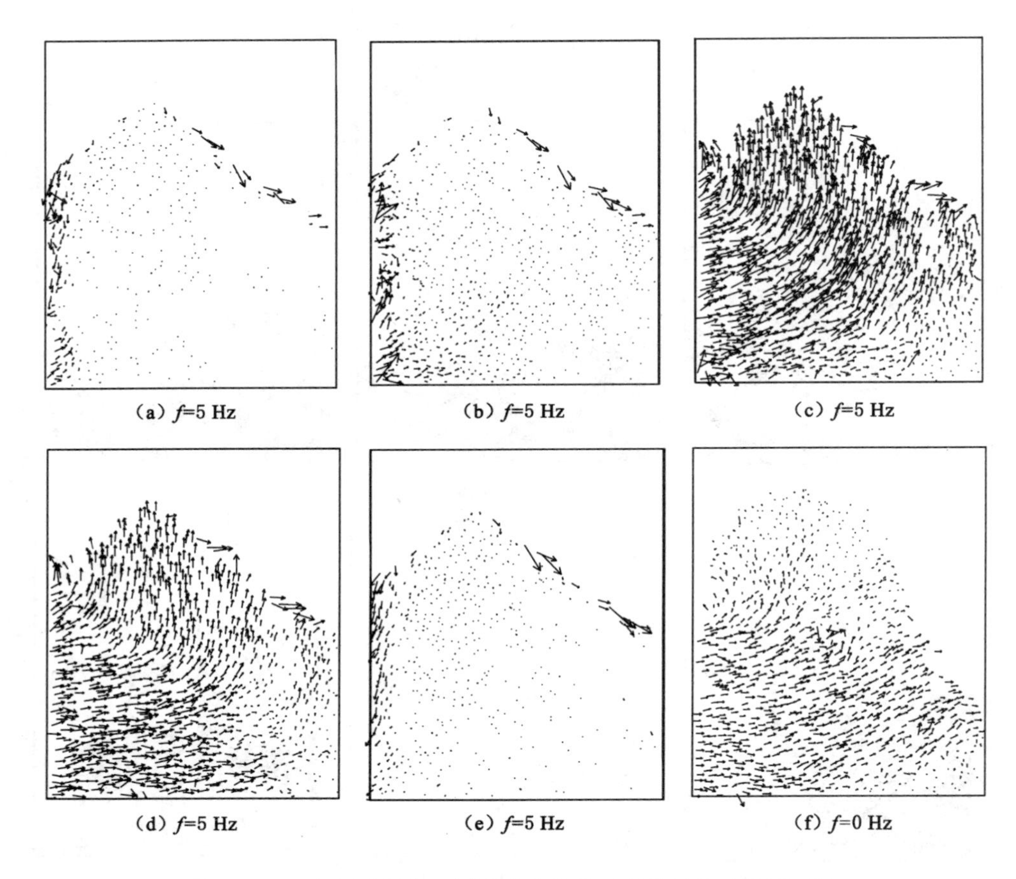

图 4-14　一个振动周期内颗粒速度演化过程及无振动情况下的速度分布(A=0.01 m,x=0.75 m)

部流动,左下方的颗粒水平运动,中上方的颗粒竖直运动[图 4-14(d)]。到图 4-13(e)时力链几乎完全消退,颗粒速度也大幅减小[图 4-14(e)],但是推压板与充填体间隙增大,会有颗粒流入间隙,对应充填体左侧颗粒结构的重组过程。

相比之下,无振动条件下,充填体力链集中在推压板与颗粒接触的左侧区域,方向有斜向下的趋势。右侧和上部充填体力链明显减弱[图 4-13(f)],颗粒运动主要体现在与推压板接触的水平线以下,基本呈水平方向,上部颗粒基本没有运动[图 4-14(f)],说明充填体不能很好地将推压板的作用力传递均匀,整体流动性不好。

4.7 本章小结

本章利用颗粒流方法，建立了综合机械化固体充填采煤液压支架工作过程中，矸石充填体投料模型，模拟了推压板对充填体的推压过程，分别研究了振幅和频率对推压板的应力、充填体内部密实程度及力链分布的影响规律，得到以下结论：

(1) 当推压距离较小时，推压板的水平应力随频率或振幅的增大而增大。当推压距离较大时，振动能有效减缓推压板的应力增加速度。相同推压距离情况下，频率越高，水平应力越小；相同极限应力情况下，振幅越大，推压距离越大，夯实效果越好。整体上看，有振动条件下推压板能行进更远的距离，对充填体的压实效果明显优于无振动的情况。

(2) 引入振动机制后，能够在推压初期就起到有效降低充填体的孔隙率的作用。振动频率对充填体下部和中部的孔隙率影响较为明显，相同位移条件下，频率越大，孔隙率越小。增大振幅有利于颗粒间孔隙的填充，并在推压的最关键阶段起到有效降低孔隙率、提高密实度的作用。

(3) 振动增强了颗粒体系的流动性，可迅速将推压板的压力分散到整个体系中，从而有效降低推压板应力，使其能够实现更远距离的夯实，提高效果。

第5章　充填综采支架-围岩-充填体力学关系研究

5.1　充填综采岩层移动及变形特征

在传统的垮落法管理顶板方式中，采空区上覆岩层会随着工作面的推进失去支撑，发生移动和周期性的破断，呈现周期来压现象。岩层移动沿垂直方向自下而上传导，依次出现垮落带、裂隙带和弯曲下沉带。垮落带岩体为散体或碎裂结构，岩层被节理、裂隙等不规则结构面分隔；裂隙带岩体为块裂层状结构，一些有规律的结构面和裂隙将坚硬岩层切割成较大的结构体，大结构体之间又存在相互挤压和咬合作用；弯曲下沉带岩体为较完整的层状结构，变形破坏时硬岩起控制作用[203]。

相比之下，在充填采煤过程中，充填体被充填采煤液压支架夯实后，代替原煤支撑上覆岩层，使上覆岩层移动和破断都明显减少，所以一方面，不会形成垮落带，另一方面，裂隙带的高度也会大大降低，甚至有可能不出现。采空区为固体充填体，呈散体碎块、颗粒状结构，结构运动宏观上表现为固结压密。上方大部分岩层为弯曲下沉带，岩体结构较为完整，岩层被层面有规律的切割，使结构体呈现法向异性非均质，切向同性似均质的层状结构。岩体结构移动变形形式表现为梁或板的弯曲变形。充填开采与传统开采两种条件下岩层移动及地表沉陷的特征对比如图5-1所示[16]。

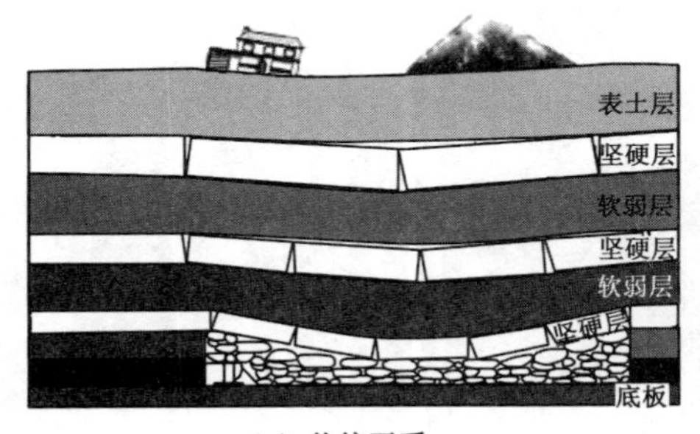

(a) 传统开采

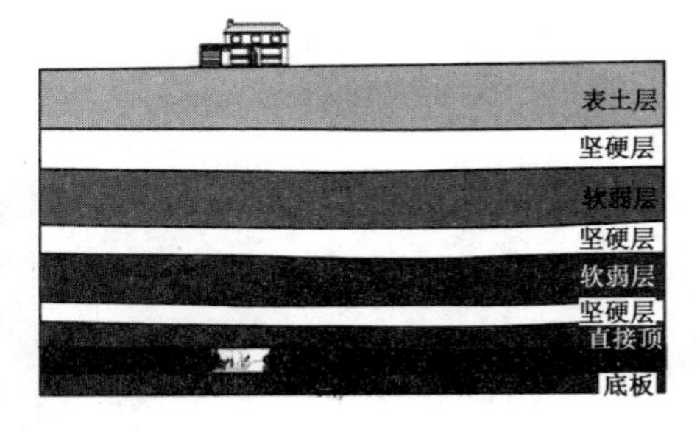

(b) 充填开采

图5-1　充填开采与传统开采两种条件下岩层移动及地表沉陷的特征对比

5.2　充填综采支架-围岩-充填体力学模型及求解

5.2.1　顶板岩梁的下沉微分方程

在综采密实充填条件下，岩梁、煤体及充填体可以看作弹性地基，建立顶板岩梁的弹性基础梁力学模型。支架-顶板岩梁-充填体的关系见图 5-2(a)，力学模型如图 5-2(b)所示。

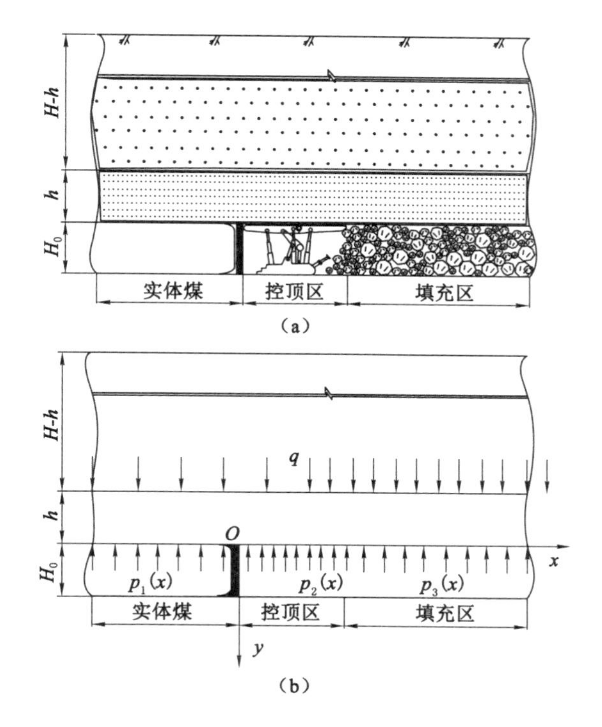

图 5-2　支架-顶板岩梁-充填体力学关系及模型

图 5-2 中，顶板可视为单位宽度的无限长弹性基础梁，厚度为 h，上覆岩层重量作用在该梁上产生集度 q 的分布载荷，前方煤层对顶板的超前作用力 $p_1(x)$，煤层厚度为 H_0，控顶区范围内由充填采煤支架支撑，作用力为 $p_2(x)$，长度为 l，在工作面控顶区之外的已采区由充填矸石支撑，作用力为 $p_3(x)$。

坐标原点 O 选择在煤壁处，向右为 x 轴正方向，向下为 y 轴正方向。本章讨论近水平煤层，水平向左为工作面推进方向。以水平位置 x 为自变量，位移函数 $y(x)$ 为基本未知量，在载荷 q 作用下，梁在煤壁处的下沉为 h_0，在最大控顶距采空区一侧下沉为 h_0+h_1，h_1 为顶板触矸前的下沉。

利用文克尔地基假设，可以列出充填综采条件下顶板岩梁的下沉方程：

$$EI\frac{d^4y}{dx^4}=q+\gamma h-p_1(x)\quad (x<0) \tag{5-1}$$

$$EI\frac{d^4y}{dx^4}=q+\gamma h-p_2(x)\quad (0\leqslant x\leqslant l) \tag{5-2}$$

$$EI\frac{d^4y}{dx^4}=q+\gamma h-p_3(x)\quad (x>l) \tag{5-3}$$

其中，将煤体和充填体简化为弹性地基，满足文克尔地基假设：

$$p_1(x)=k_1y\quad (x<0) \tag{5-4}$$

$$p_3(x)=k_3(y-h_0-h_1)\quad (x>l) \tag{5-5}$$

对于支架的支撑力 $p_2(x)$，根据充填综采的工作条件，考虑到充填液压支架的主动支撑功能主要是使支架后顶梁抵抗顶板的弯曲下沉，因此，将支架的主动加载载荷假设为：

$$p_2(x)=p_a+\frac{p_b-p_a}{l}x\quad (0\leqslant x\leqslant l) \tag{5-6}$$

式(5-1)～式(5-6)中，E 和 I 分别是顶板岩梁的弹性模量和截面惯性矩；γ 为岩梁的容重；k_1 为煤层的地基系数；k_3 为充填矸石的地基系数；p_a 和 p_b 分别是支架前端和后端的支撑载荷。

首先求解式(5-1)。对于式(5-1)对应的齐次方程形式来说，令

$$\alpha_1=\frac{\sqrt{2}}{2}\sqrt[4]{\frac{k_1}{EI}} \tag{5-7}$$

得其通解为

$$y_0=e^{\alpha_1x}(A_1\sin\alpha_1x+A_2\cos\alpha_1x)+e^{-\alpha_1x}(A_3\sin\alpha_1x+A_4\cos\alpha_1x)$$

特解为

$$y^*=\frac{q+\gamma h}{k_1}$$

所以方程(5-1)的解为

$$y=y_0+y^*$$

因为岩梁在两侧远端不受采动影响，所以有 $x=-\infty$ 时，$y=\dfrac{q+\gamma h}{k_1}$。代入通解得 $A_3=A_4=0$ 。

因此，方程(5-1)的解为：

$$y_1=e^{\alpha_1x}(A_1\sin\alpha_1x+A_2\cos\alpha_1x)+\frac{q+\gamma h}{k_1}\quad (x<0) \tag{5-8}$$

利用相同的方法可以求解式(5-3)。

令
$$\alpha_2=\frac{\sqrt{2}}{2}\sqrt[4]{\frac{k_3}{EI}} \tag{5-9}$$

得其通解为

$$y_0=e^{\alpha_2 x}(C_1\sin\alpha_2 x+C_2\cos\alpha_2 x)+e^{-\alpha_2 x}(C_3\sin\alpha_2 x+C_4\cos\alpha_2 x)$$

特解为

$$y^*=\frac{q+\gamma h}{k_3}+h_0+h_1$$

所以方程(5-3)的解为

$$y=y_0+y^*$$

因岩梁在两侧远端不受采动影响，所以有 $x=+\infty$时，$y=\frac{q+\gamma h}{k_3}+h_0+h_1$。代入通解可得 $C_1=C_2=0$ 。

因此，方程(5-3)的解为：

$$y_3=e^{-\alpha_2 x}(C_3\sin\alpha_2 x+C_4\cos\alpha_2 x)+\frac{q+\gamma h}{k_3}+h_0+h_1 \quad (x>l) \tag{5-10}$$

最后，直接通过积分求解式(5-2)，其解为：

$$y_2=\frac{p_a-p_b}{120EIl}x^5+\frac{q+\gamma h-p_a}{24EI}x^4+B_1x^3+B_2x^2+B_3x+B_4 \quad (0\leqslant x\leqslant l) \tag{5-11}$$

应用支架与煤壁的交界处($x=0$)和支架与充填体的交界处($x=l$)的边界连续条件：

$$x=0:\begin{cases}y_1=y_2\\ y'_1=y'_2\\ y''_1=y''_2\\ y'''_1=y'''_2\end{cases} \quad x=l:\begin{cases}y_2=y_3\\ y'_2=y'_3\\ y''_2=y''_3\\ y'''_2=y'''_3\end{cases} \tag{5-12}$$

可以求出式(5-8)、式(5-10)和式(5-11)中的系数 A_1、A_2、B_1、B_2、B_3、B_4、C_3、C_4。

由于文克尔地基模型中的地基系数 k 与地基的变形模量 E_s和厚度 H 有关，当压缩层两个侧面均自由变形时，有

$$k=\frac{E_s}{H} \tag{5-13}$$

式中，H 为地基的厚度，对于 k_1来说，H 就是采高 H_0；对于 k_3来说，H 则对应充填体地基的高度 H_3，H_3一方面受充填开采过程中支架让压高度的影响，另一方面还与初始充填率有关，可以表示为：

$$H_3=H_0-h_0-h_1 \tag{5-14}$$

E_s为地基的变形模量，对于 k_1来说，E_s就是实体煤地基的变形模量 E_{s0}；对于 k_3

来说，E_s则对应充填体地基的变形模量 E_{s3}，E_{s3}主要受充填开采过程中支架对充填体的压实力的影响，由第 2 章的矿渣混合料充填体的压实力学性质试验可知，E_{s3}与压实应力 σ 之间呈线性关系，可以表示为：

$$E_{s3}=a_4+b_4\sigma \tag{5-15}$$

因此，可将 k_1和 k_3表示为：

$$k_1=\frac{E_{s0}}{H_0} \tag{5-16}$$

$$k_3=\frac{E_{s3}}{H_3}=\frac{a_4+b_4\sigma}{H_0-h_0-h_1} \tag{5-17}$$

H_3为地基的厚度，也就等于充填区的初始充填高度 h_g，所以 k_3也可以表示为：

$$k_3=\frac{E_{s3}}{h_g}=\frac{a_4+b_4\sigma}{h_g} \tag{5-18}$$

可见，对于给定的矸石充填材料来说，k_3的数值受初始充填高度 h_g和充填体承受的压实应力 σ 两方面因素的影响。将式(5-18)代入式(5-8)、式(5-10)、式(5-11)可得顶板岩梁下沉量与 h_g和 σ 以及 H_0、E、I、k_1等的关系。

以山西某矿为实例进行分析，取 $h=4$ m、$H_0=3$ m、$E=10$ GN/m^2、$I=5.33$、$q=3.11$ MPa、$\gamma=25$ kN/m^3、$p_a=0.73$ MPa、$p_b=0.80$ MPa、$l=7.5$ m、$k_1=0.6$ GN/m^2，取 2.1.5 节中得到的线性拟合系数 $a_4=-433\ 702$，$b_4=15.987$，可得式(5-19)，对 y_1、y_2、y_3与 h_g和 σ 的关系进行讨论。

$$E_{s3}=-433\ 702+15.987\sigma \tag{5-19}$$

y_1、y_2、y_3的表达式如下：

$$y_1=0.005\ 35+e^{0.23x}[A_2\cos(0.23x)+A_1\sin(0.23x)] \tag{5-20}$$

$$y_2=B_4+B_3x+B_2x^2+B_1x^3+1.939\times10^{-6}x^4-1.459\times10^{-9}x^5 \tag{5-21}$$

$$\begin{aligned}y_3=&3-h_g+\frac{3.21\times10^6h_g}{-433\ 702+15.987\sigma}+e^{-2.081\times10^{-3}x\left(\frac{-433\ 702+15.987\sigma}{h_g}\right)^{1/4}}\\&\left\{C_4\cos\left[2.081\times10^{-3}x\left(\frac{-433\ 702+15.987\sigma}{h_g}\right)^{1/4}\right]+\right.\\&\left.C_3\sin\left[2.081\times10^{-3}x\left(\frac{-433\ 702+15.987\sigma}{h_g}\right)^{1/4}\right]\right\}\end{aligned} \tag{5-22}$$

式中系数 A_1、A_2、B_1、B_2、B_3、B_4、C_3、C_4都与 σ 和 h_g有关。对于每一组 σ 和 h_g值，均可得到 y_1、y_2、y_3的具体表达形式。下面分别讨论 σ 和 h_g对 y_1、y_2、y_3的影响。

5.2.2 初始充填高度对顶板岩梁下沉量的影响

当压实应力 $\sigma=2$ MPa 时，h_g分别取 1.8 m、2.1 m、2.4 m、2.7 m、2.85 m，代入式(5-20)～式(5-22)，计算出煤壁 $x=0$ 处的下沉量 $y_1(x=0)$以及支架和

充填体上方顶板的下沉量 y_2、y_3，如图 5-3～图 5-5 所示。

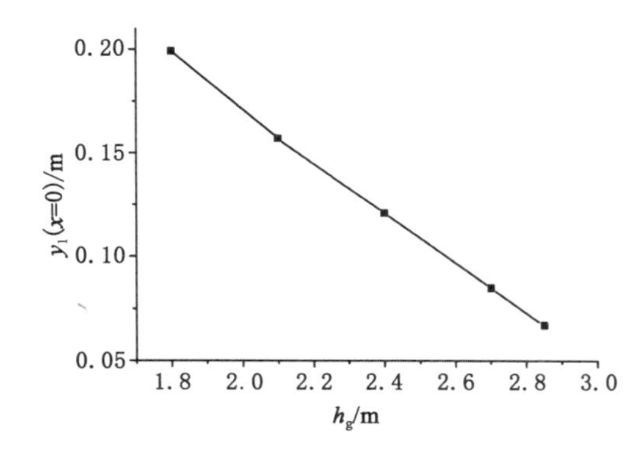

图 5-3　h_g不同时煤壁处顶板的下沉量

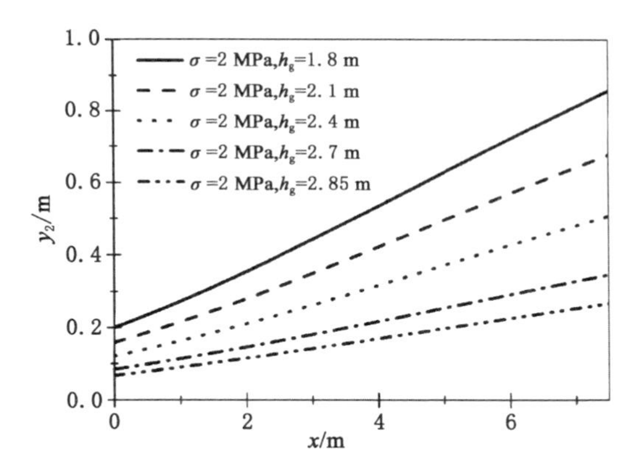

图 5-4　h_g不同时支架上方顶板的下沉量

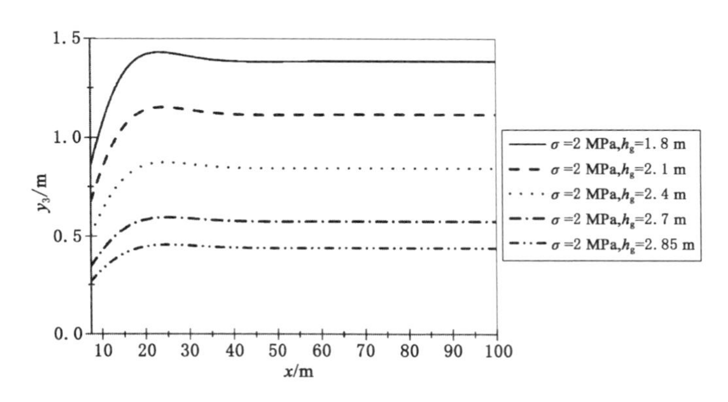

图 5-5　h_g不同时充填体上方顶板的下沉量

从图中可以看出，在充填体受到支架夯实机构 2 MPa 的推压应力作用时，充填后顶板岩梁的不同位置出现不同程度的下沉。对于密实充填开采来说，在夯实机构的推压作用下，充填体基本都能实现接顶。但是由于采动导致的顶板触矸前的下沉量和支架的让压距离的差异，所以初始充填高度 h_g 也是不同的。h_g 的大小对顶板岩梁的下沉量影响明显。

(1) h_g 对充填区域顶板岩梁最终的稳定下沉量影响很大。h_g 越大，最终下沉量越小。$h_g=1.8$ m 时，充填高度为采高的 60%，充填区顶板最终的稳定下沉量达到 1.38 m；$h_g=2.4$ m 时，充填高度为采高的 80%，充填区顶板最终的稳定下沉量为 0.85 m；而 $h_g=2.85$ m 时，充填高度为采高的 95%，充填区顶板最终的稳定下沉量仅为 0.44 m。

(2) 由于充填体上方岩梁的下沉量 y_3 随离开煤壁的距离 x 的增大而增大。充填一段距离后，上方岩梁的下沉才能达到稳定。h_g 对顶板岩梁达到最终的稳定下沉量的距离也有较大的影响。$h_g=2.85$ m 时(充填高度为采高的 95%)，$x=25$ m 左右(即支架后方充填 17 m 左右)，y_3 趋于稳定；$h_g=2.4$ m 时(充填高度为采高的 80%)，$x=30$ m 左右(即支架后方充填 22 m 左右)，y_3 趋于稳定；而 $h_g=1.8$ m 时(充填高度为采高的 60%)，$x=40$ m 左右(即支架后方充填 32 m 左右)，y_3 才趋于稳定。

(3) 无论 h_g 的高度如何，支架上方岩梁的下沉量 y_2 都随 x 的增大而增大，且基本满足线性关系。支架前端的下沉量较小，支架后端的下沉量较大。同时，顶板的下沉量又随 h_g 的增大而减小。在后端 $x=7.5$ m 处，$h_g=1.8$ m 时，岩梁下沉量可达 0.861 m；$h_g=2.4$ m 时，岩梁下沉量为 0.506 m；到 $h_g=2.85$ m 时，岩梁下沉量仅为 0.267 m。

(4) 煤壁处的下沉量 $y_1(x=0)$ 随 h_g 的增大而减小，且基本满足线性关系。$h_g=1.8$ m 时，煤壁下沉量可达 0.199 m；$h_g=2.4$ m 时，煤壁下沉量为 0.121 m；到 $h_g=2.85$ m 时，煤壁下沉量仅为 0.067 m。说明充填高度由采高的 60%增加到 95%，能使煤壁下沉量减小将近 2/3。

可见，增加初始充填高度能有效控制顶板岩梁各部分的下沉和运移稳定性。

5.2.3 充填支架推压应力对顶板岩梁下沉量的影响

当 $h=4$ m、$H_0=3$ m、$E=10$ GN/m^2、$I=5.33$、$q=3.11$ MPa、$\gamma=25$ kN/m^3、$p_a=0.73$ MPa、$p_b=0.80$ MPa、$l=7.5$ m、$k_1=0.6$ GN/m^2 时，选定 $h_g=2.4$ m，σ 分别取 1.0 MPa、1.5 MPa、2.0 MPa、2.5 MPa、3.0 MPa，由式(5-19)～式(5-22)计算出 $y_1(x=0)$、y_2、y_3，讨论充填推压应力对顶板岩梁下沉量的影响，如图 5-6～图 5-8 所示。

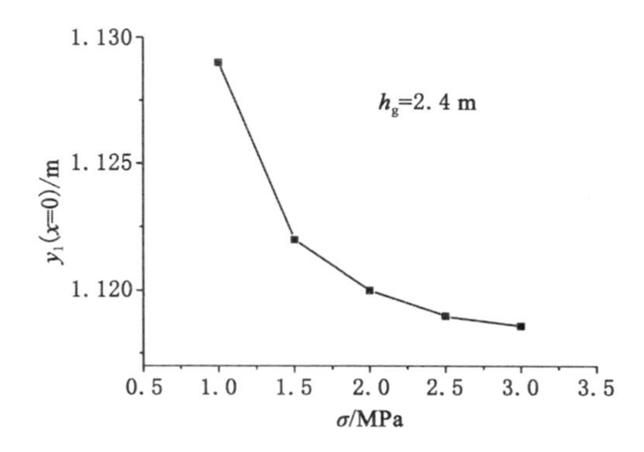

图 5-6　支架推压应力 σ 不同时煤壁处顶板下沉量

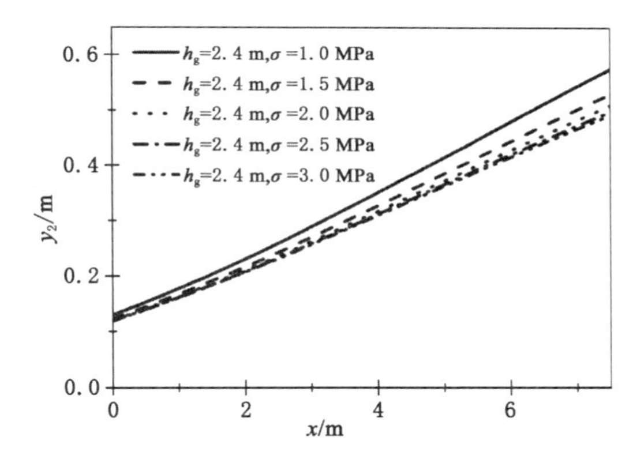

图 5-7　支架推压应力 σ 不同时支架上方顶板下沉量

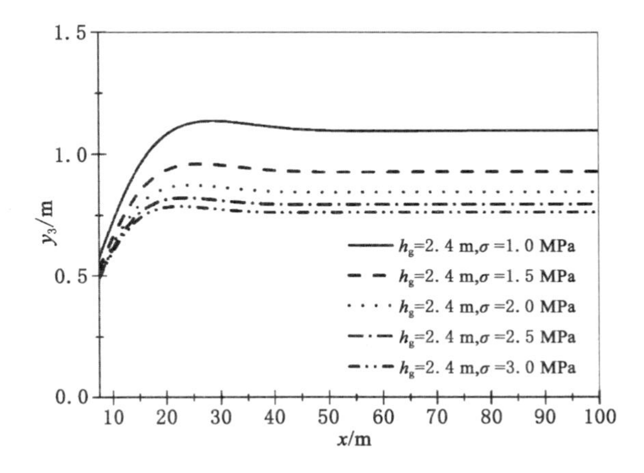

图 5-8　支架推压应力 σ 不同时充填体上方顶板下沉量

由图中可以看出，充填采煤液压支架对充填体的推压作用力 σ 不同时，顶板岩梁的下沉量也会发生不同程度的变化。

(1) σ 对充填区域顶板岩梁最终的稳定下沉量影响较大。σ 越大，最终下沉量越小。σ=1.0 MPa 时，充填区顶板最终的稳定下沉量为 1.10 m；σ=2.0 MPa 时，最终下沉量为 0.85 m；而 σ=3.0 MPa 时，充填区顶板最终的稳定下沉量仅为 0.76 m。而且由图 5-8 还可以看出，σ 由 1.0 MPa 增加到 2.0 MPa 时，y_3 的最终下沉量减少了 0.25 m；再增加到 3.0 MPa 时，y_3 的最终下沉量仅仅又减少了 0.09 m。所以充填支架的推压应力在 2.0 MPa 以内时，对顶板岩梁的下沉都可以起到有效的控制。如果再将推压应力增加到 2.0 MPa 以上，对顶板岩梁的下沉控制作用就会明显减弱。

(2) σ 对充填区域顶板岩梁达到最终稳定下沉量的距离也有一定的影响。σ=3.0 MPa 时，x=25 m 左右(即支架后方充填 17 m 左右)，y_3 趋于稳定；σ=2.0 MPa 时，x=30 m 左右(即支架后方充填 22 m 左右)，y_3 趋于稳定；而 σ=1.0 MPa 时，x=45 m 左右(即支架后方充填 37 m 左右)，y_3 才趋于稳定。可见，支架推压应力越小，充填区域顶板下沉运动的不稳定区域越长。

(3) 支架推压应力 σ 变化时，支架上方岩梁的下沉量 y_2 都仍随 x 的增大而增大，且基本满足线性关系。支架前端的下沉量较小，支架后端的下沉量较大。同时，顶板的下沉量又随 σ 的增大而减小。在后端 x=7.5 m 处，σ=1.0 MPa 时，岩梁下沉量可达 0.573 m；σ=2.0 MPa 时，岩梁下沉量为 0.506 m；到 σ=3.0 MPa 时，岩梁下沉量仅为 0.490 m。

(4) 煤壁处的下沉量 y_1(x=0)随 σ 的增大而减小，但是为非线性关系。σ=1.0 MPa 时，煤壁下沉量为 0.129 m；σ=2.0 MPa 时，煤壁下沉量为 0.121 m；σ=3.0 MPa 时，煤壁下沉量为 0.118 6 m。总体上看，σ 对煤壁处的下沉量影响不大。

可见，增加支架推压应力 σ 能有效压实后部充填体，使其变形模量增加，从而起到控制顶板岩梁下沉和不稳定范围的作用。

5.2.4 充填支架让压高度对顶板岩梁下沉量的影响

由于充填采煤液压支架比传统支架的顶梁和控顶距都长，所以在工作中经常采取让压的方式避免压架事故。让压高度又直接影响充填空间的大小，继而影响初始充填高度 h_g。在前述讨论中，梁在煤壁处的初始下沉为 h_0 就与支架的让压高度近似相等，h_0 越大，h_g 越小。本节讨论 h_0 的改变对顶板岩梁下沉量的影响。在充填区，地基的厚度 H_3 就等于初始充填高度 h_g，所以由式(5-14)可得：

$$h_0 = H_0 - h_1 - h_g \tag{5-23}$$

将式(5-23)代入式(5-8)、式(5-10)、式(5-11)可得顶板岩梁下沉量与 h_0 和 σ 以及 H_0、E、I、k_1 等的关系。取 $h=4$ m、$H_0=3$ m、$h_1=0.2$ m、$E=10$ GN/m²、$I=5.33$、$q=3.11$ MPa、$\gamma=25$ kN/m³、$l=7.5$ m、$k_1=0.6$ GN/m²、$\sigma=2$ MPa，$a_4=-433\ 702$，$b_4=15.987$，固定支架前后两端的支撑载荷 $p_a=0.73$ MPa、$p_b=0.80$ MPa，可得煤壁处的下沉量 $y_1(x=0)$、支架及充填体上方岩梁的下沉量 y_2、y_3 与 h_0 的关系，如图 5-9～图 5-11 所示。

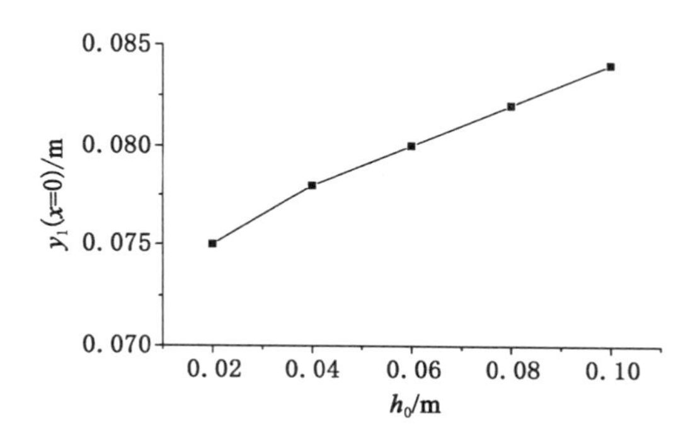

图 5-9　支架的让压高度 h_0 不同时煤壁处顶板下沉量

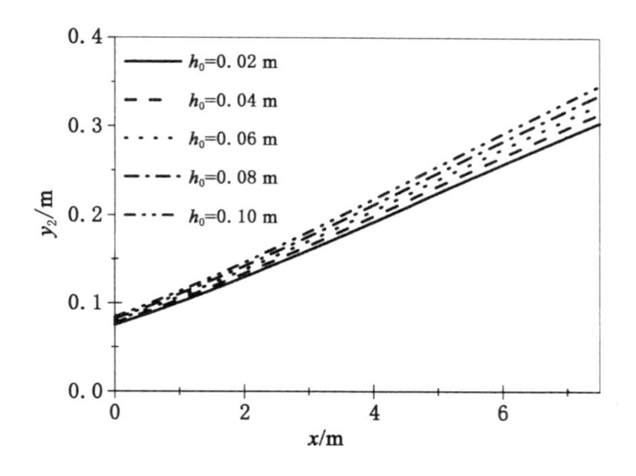

图 5-10　支架的让压高度 h_0 不同时支架上方顶板下沉量

对于密实充填开采来说，充填体在支架夯实机构的推压应力作用下，基本都能实现接顶。但是支架的让压高度 h_0 却影响到初始充填高度 h_g，从而影响到顶

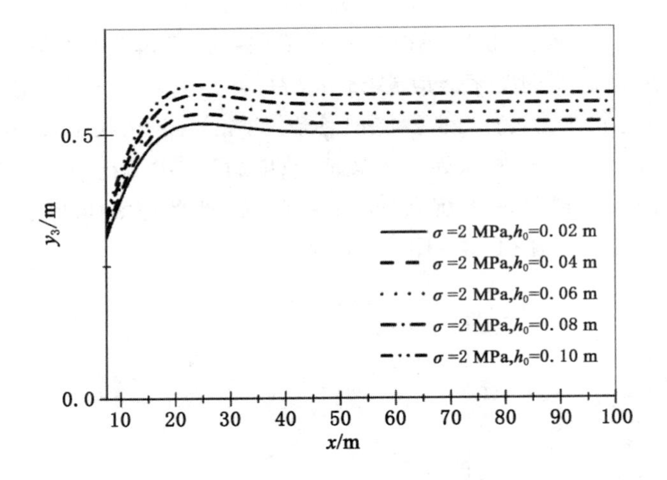

图 5-11 支架的让压高度 h_0 不同时充填体上方顶板下沉量

板岩梁的下沉量。由于支架的让压高度不会太大，所以从图中可以看出，h_0 的变化对 $y_1(x=0)$、y_2、y_3 的影响整体不大，但是仍存在一定的规律。

(1) h_0 越大，充填区域顶板最终下沉量越大。$h_0=0.02$ m 时，充填区域顶板最终下沉量为 0.50 m；$h_0=0.06$ m 时，顶板最终下沉量为 0.54 m；而 $h_0=0.10$ m 时，顶板最终下沉量为 0.58 m。y_3 的最终稳定值基本随 h_0 线性增大。

(2) h_0 对顶板岩梁达到最终的稳定下沉量的距离基本没有影响。上述几种情况下，到 $x=45$m 左右(即支架后方充填 37 m 左右)时，y_3 基本均趋于稳定。

(3) 支架上方岩梁的下沉量 y_2 都随 h_0 的增大而增大。在后端 $x=7.5$ m 处，h_0 由 0.02 m 增加至 0.10 m 时，岩梁下沉量由 0.303 m 增加到 0.346 m，且基本为等间隔增加。

(4) 煤壁处的下沉量 $y_1(x=0)$ 随 h_0 的增大而增大，且基本满足线性关系。$h_0=0.02$ m 时，煤壁下沉量为 0.075 m；$h_0=0.06$ m 时，煤壁下沉量为 0.08 m；到 $h_0=0.10$ m 时，煤壁下沉量为 0.084 m。

可见，支架的让压高度对顶板岩梁的下沉仍具有一定的影响。

另外，仍然取 $h=4$ m、$H_0=3$ m、$h_1=0.2$ m、$E=10$ GN/m^2、$I=5.33$、$q=3.11$ MPa、$\gamma=25$ kN/m^3、$l=7.5$ m、$k_1=0.6$ GN/m^2、$\sigma=2$ MPa，$a_4=-433\ 702$，$b_4=15.987$，固定支架让压高度 $h_0=0.06$ m，改变支架前后两端的支撑载荷 p_a、p_b，让初撑力在 4～8 MN 范围内变化，可得 y_1、y_2、y_3 与 p_a、p_b 的关系。结果发现，p_a、p_b 的大小对顶板岩梁各部分的下沉量影响均较小。其原因在于，相对于整个工作面长度而言，支架控顶区范围较小，其载荷作用对整个顶板岩梁的影响

距离也很短。在支架让压高度和顶板触矸前的下沉量确定的情况下，密实充填的初始充填高度也确定下来，所以充填体地基的厚度基本确定。另一方面，支架对充填体的推压应力确定后，充填体的变形模量也可以确定下来，所以充填体的地基系数基本确定下来。后方充填体地基和前方煤体地基的作用范围要远远大于支架的作用范围，对顶板岩梁的支撑起到主要的作用。所以改变支架的支撑力不能对顶板岩梁的运动起到大的控制作用，只能在维护工作面安全方面起到一定的作用。

5.3　充填综采条件下工作面超前应力分布规律

5.3.1　超前应力力学计算模型

讨论工作面超前应力影响的煤体区域，长为 L，弹性模量为 E_0，泊松比为 μ。梁的右方是充填采煤支架，所以右边界为自由。上覆岩层重量作用在该梁上产生集度为 q 的分布载荷，根据上一节顶板弹性地基梁模型的计算结果可知：在远离煤壁 L 处实体煤上方顶板的变形趋于稳定。在 L 范围内煤体的上部边界可以看成顶板的给定变形，因此可以给出实体煤上部边界的位移条件。下方为坚硬岩层底板，视为固定边界。左边为实体煤，选择位移边界，力学模型如图 5-12 所示。

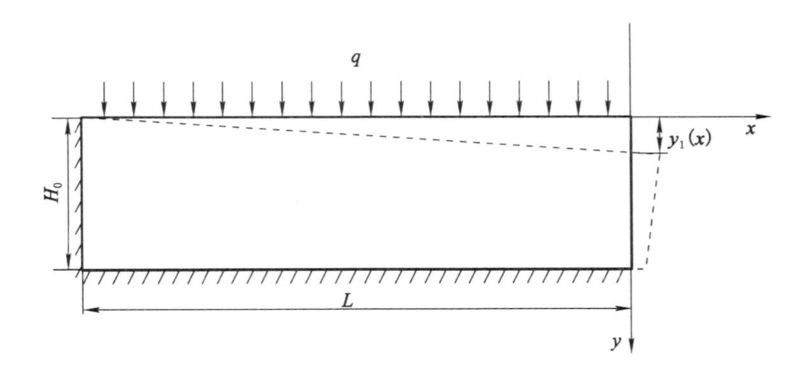

图 5-12　超前应力力学模型

在模型左侧边界 $x=-L$ 处，由于顶板变形达到稳定，可以看作与 $x=-\infty$ 处相同，所以由式(5-8)可得，煤壁 $x=0$ 处和左侧边界 $x=-L$ 处的下沉量分别为

$$\begin{cases} y_1(x=0)=A_2+\dfrac{q+\gamma h}{k_1} & (x=0) \\ y_1(x=-L)=\dfrac{q+\gamma h}{k_1} & (x=-L) \end{cases} \tag{5-24}$$

上边界位移可以简化表示为：

$$y_1(x)=\frac{A_2}{L}x+\frac{q+\gamma h}{k_1}+A_2 \quad (x<0) \tag{5-25}$$

边界条件：

$$\begin{cases} x=-L, & u=0 \\ y=0, & v=y_1 \\ y=H_0, & u=v=0 \end{cases} \tag{5-26}$$

取位移分量试函数：

$$u=A\left(1+\frac{x}{L}\right)\left(1-\frac{y}{H_0}\right) \tag{5-27}$$

$$v=B\left(1+\frac{x}{L}\right)\left(1-\frac{y}{H_0}\right)y+\left(1-\frac{y}{H_0}\right)y_1 \tag{5-28}$$

用位移分量表示应力函数：

$$\begin{aligned}\sigma_x &=\frac{E_0}{1-\mu^2}\left(\frac{\partial u}{\partial x}+\mu\frac{\partial v}{\partial y}\right) \\ &=\frac{E_0\left[\dfrac{A\left(1-\dfrac{y}{H_0}\right)}{L}+\left[-\dfrac{B\left(1+\dfrac{x}{L}\right)y}{H_0}+B\left(1+\dfrac{x}{L}\right)\left(1-\dfrac{y}{H_0}\right)-\dfrac{A_2+\dfrac{A_2x}{L}+\dfrac{q+h\gamma}{k_1}}{H_0}\right]\mu\right]}{1-\mu^2}\end{aligned} \tag{5-29}$$

$$\begin{aligned}\sigma_y &=\frac{E_0}{1-\mu^2}\left(\frac{\partial v}{\partial y}+\mu\frac{\partial u}{\partial x}\right) \\ &=\frac{E_0\left[-\dfrac{B\left(1+\dfrac{x}{L}\right)y}{H_0}+B\left(1+\dfrac{x}{L}\right)\left(1-\dfrac{y}{H_0}\right)-\dfrac{A_2+\dfrac{A_2x}{L}+\dfrac{q+h\gamma}{k_1}}{H_0}+\dfrac{A\left(1-\dfrac{y}{H_0}\right)\mu}{L}\right]}{1-\mu^2}\end{aligned} \tag{5-30}$$

$$\begin{aligned}\tau_{xy} &=\frac{E_0}{2(1+\mu)}\left(\frac{\partial v}{\partial x}+\frac{\partial u}{\partial y}\right) \\ &=\frac{E_0\left[-\dfrac{A\left(1+\dfrac{x}{L}\right)}{H_0}+\dfrac{By\left(1-\dfrac{y}{H_0}\right)}{L}+\left(1-\dfrac{y}{H_0}\right)\dfrac{A_2}{L}\right]}{2+2\mu}\end{aligned} \tag{5-31}$$

u 和 v 这两个试函数满足式(5-26)所示的位移边界条件，其中的两个常数 A 和

B 可用里兹方法求解。对于平面应变问题，煤体的弹性势能定义为：

$$U_\varepsilon = \frac{E_0}{2(1+\mu)}\iint\left[\frac{\mu}{1-2\mu}\left(\frac{\partial u}{\partial x}+\frac{\partial u}{\partial y}\right)^2+\left(\frac{\partial u}{\partial x}\right)^2+\left(\frac{\partial v}{\partial y}\right)^2+\frac{1}{2}\left(\frac{\partial u}{\partial y}+\frac{\partial v}{\partial x}\right)^2\right]\mathrm{d}x\mathrm{d}y \tag{5-32}$$

将试函数代入应力函数，得：

$$U_\varepsilon = \frac{E_0}{H_0{}^2(2\mu+2)L^2}\left(\begin{array}{l} -\dfrac{H_0\mu L}{18k_1^2(2\mu-1)}\left[\begin{array}{l}6A^2H_0^2k_1^2+3AH_0k_1L(-(3A_2k_1)+BH_0k_1-6(\gamma h+q))+\\ 2L^2(3A_2^2k_1^2+9A_2k_1(\gamma h+q)+B^2H_0^2k_1^2+9(\gamma h+q)^2)\end{array}\right]+\\ \dfrac{1}{3}A^2H_0^3L+0.166\ 67A^2H_0L^3-0.25AA_2H_0^2L^2-\\ \dfrac{9.107\ 3\times10^{-18}B^3H_0^7}{A}-0.083\ 33ABH_0^3L^2+\\ \dfrac{H_0L^3}{9k_1^2}(3A_2^2k_1^2+9A_2k_1(\gamma h+q)+B_2H_0^2k_1^2+9(\gamma h+q)^2)+\\ 0.166\ 67A_2H_0^3L+0.083\ 33A_2BH_0^4L+0.016\ 67B^2H_0^5L \end{array}\right) \tag{5-33}$$

再由

$$\begin{cases}\dfrac{\partial U_\varepsilon}{\partial A}=0\\ \dfrac{\partial U_\varepsilon}{\partial B}=0\end{cases} \tag{5-34}$$

可求得 A 与 B，由于表达式较长，这里不予给出。

求得 A 与 B 后，代入式(5-29)～式(5-31)可得煤体的应力分布。

5.3.2　初始充填高度对超前应力的影响

取顶板岩梁的 $h=4$ m、$E=10$ GN/m^2、$I=5.33$、$q=3.11$ MPa、$\gamma=25$ kN/m^3，$p_a=0.73$ MPa、$p_b=0.80$ MPa、$l=7.5$ m、$\sigma=2.0$ MPa、$H_0=3$ m、$k_1=0.6$ GN/m^2、$E_0=1.26$ GN/m^2、$\mu=0.3$、$a_4=-433\ 702$、$b_4=15.987$，h_g 分别取 1.8 m、2.1 m、2.4 m、2.7 m、2.85 m，由式(5-8)～式(5-12)及式(5-24)计算出 $y_1(x=0)$、$y_1(x=-L)$ 及 A_2 等常数，再由式(5-33)～式(5-34) 求出相应的 A 与 B，代入式(5-29)～式(5-31)，分别计算出煤壁区 $-30<x<0$，$0<y<3$ 区域的水平应力 σ_x、垂直应力 σ_y 以及剪应力 τ_{xy}，如图 5-13 至图 5-15 所示，各应力分量最大值如表 5-1～表 5-3 所示。

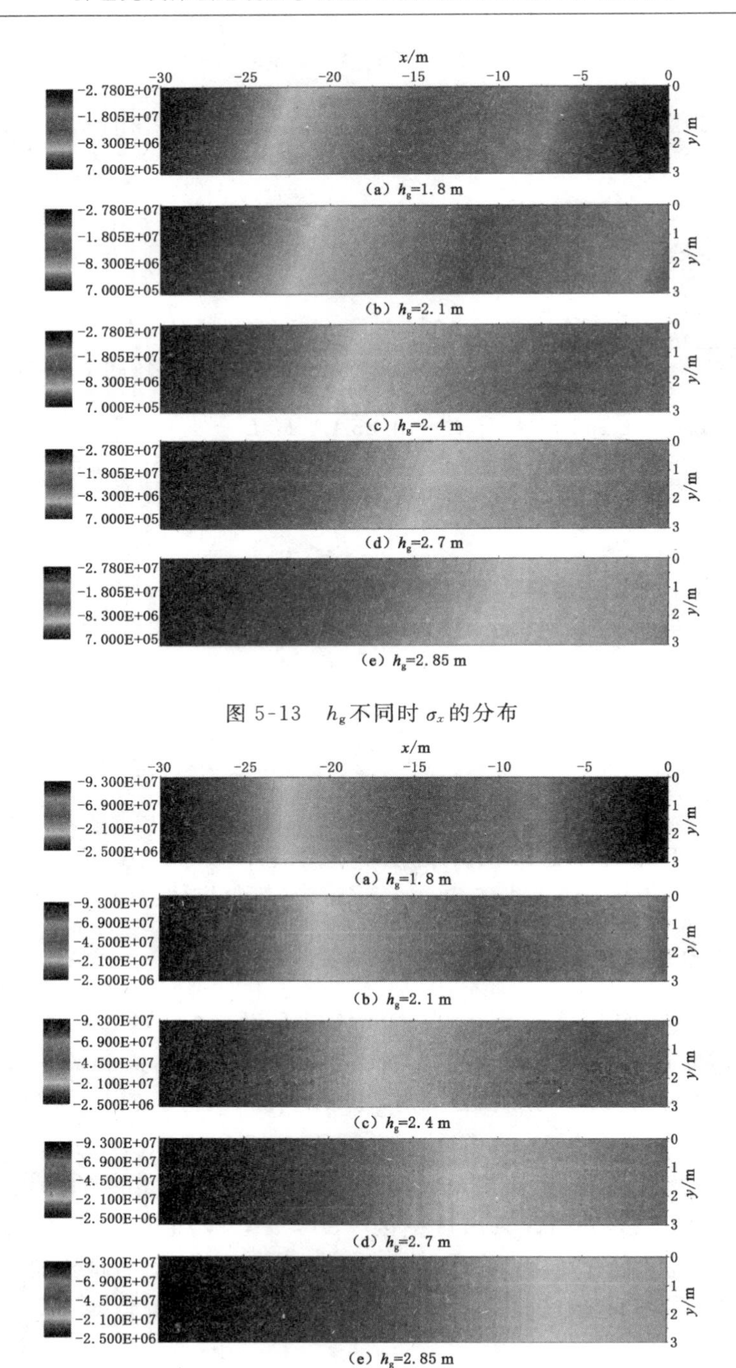

图 5-13　h_g不同时 σ_x 的分布

图 5-14　h_g不同时 σ_y 的分布

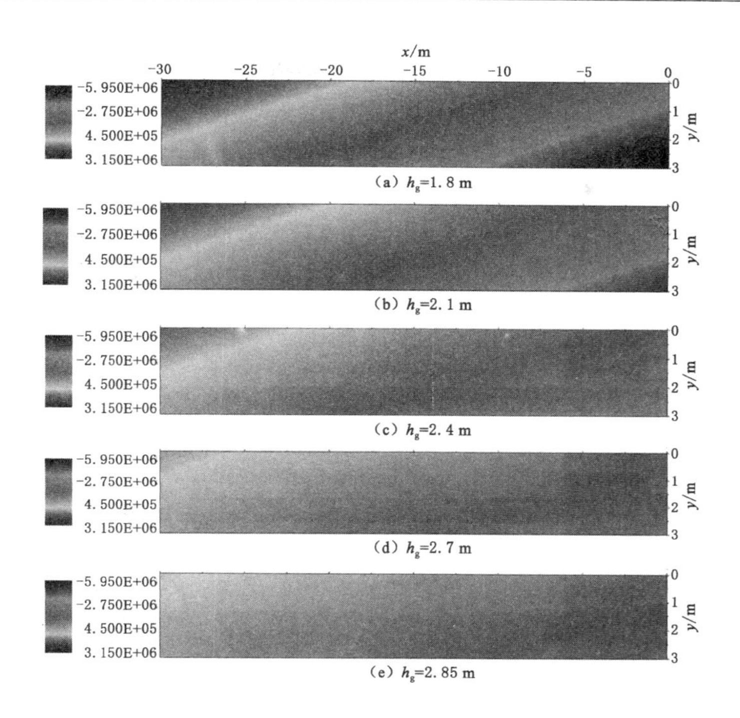

图 5-15 h_g不同时剪应力 τ_{xy} 的分布

表 5-1 h_g不同时水平方向最大压应力

	h_g=1.8 m	h_g=2.1 m	h_g=2.4 m	h_g=2.7 m	h_g=2.85 m
最大压应力/MPa	27.8	22.1	16.85	11.95	9.6

表 5-2 h_g不同时竖直方向最大压应力

	h_g=1.8 m	h_g=2.1 m	h_g=2.4 m	h_g=2.7 m	h_g=2.85 m
最大压应力/MPa	93	74	56.4	39.9	32.1

表 5-3 h_g不同时两侧剪应力最大值

	h_g=1.8 m	h_g=2.1 m	h_g=2.4 m	h_g=2.7 m	h_g=2.85 m
左上角最大值/MPa	3.15	2.48	1.86	1.28	1.01
右下角最大值/MPa	5.95	4.74	3.62	2.58	2.08

由图 5-13 至图 5-15 可以看出，在覆岩载荷与充填开采导致的覆岩移动的共同作用下，初始充填高度 h_g对工作面前方超前应力分布有很大影响。

工作面前方超前水平应力 σ_x 的分布呈现右侧大，左侧小的倾斜分布。水平方向最大压应力出现在右下角，σ_x 的数值均随离工作面的距离增大而减小。同时，σ_x 的整体数值随 h_g 的增大而减小。如表 5-1 所示，$h_g=1.8$ m 时，初始充填高度为采高的 60%，工作面前方煤体最大水平压应力为 27.8 MPa；$h_g=2.4$ m 时，初始充填高度为采高的 80%，工作面前方煤体最大水平压应力为 16.85 MPa，减小了将近 11 MPa；$h_g=2.85$ m 时，初始充填高度为采高的 95%，前方煤体最大水平压应力为 9.6 MPa，又减小 7.25 MPa。

工作面前方超前竖直应力 σ_y 的分布呈现右侧大、左侧小的近竖直分布。竖直方向最大压应力出现在右侧竖直边线的上端，且随离工作面的距离增大而减小。σ_y 的整体数值随 h_g 的增大而显著减小。如表 5-2 所示，$h_g=1.8$ m(采高的 60%)时，最大竖直压应力为 93 MPa；$h_g=2.4$ m(采高的 80%)时，工作面前方煤体最大竖直压应力减小了 36.6 MPa；$h_g=2.85$ m(采高的 95%)时，前方煤体最大竖直压应力又减小 24.3 MPa。

工作面前方超前剪应力 τ_{xy} 的分布呈现中间较小、左上角和右下角较大的倾斜分布，两侧剪应力方向相反，最大值出现在右下角。τ_{xy} 的整体数值随 h_g 的增大而减小。如表 5-3 所示，$h_g=1.8$ m(采高的 60%)时，τ_{xy} 的最大值为 5.95 MPa；$h_g=2.4$ m(采高的 80%)时，τ_{xy} 的最大值减小了 2.33 MPa；$h_g=2.85$ m(采高的 95%)时，τ_{xy} 的最大值又减小了 1.54 MPa。

根据最大切应力理论(Tresca 屈服准则)，无论材料内部各点应力状态如何，只要有一点的最大切应力 $\tau_{\max}$ 达到单向拉伸时的屈服切应力 τ_s，材料就在该点出现明显的塑性变形或屈服。该理论的屈服失效条件是：

$$\tau_{\max} \geqslant \tau_s \tag{5-35}$$

而

$$\tau_{\max}=\frac{\sigma_1-\sigma_3}{2}, \quad \tau_s=\frac{\sigma_s}{2} \tag{5-36}$$

该理论曾被许多塑性材料的试验结果所证实，且偏于安全。对于工作面煤体来说，式中 σ_s 可以认为是煤的抗压强度。σ_1 和 σ_3 分别是最大主应力和最小主应力，由式(5-29)～式(5-31)可得，其计算公式如下：

$$\begin{aligned}\sigma_1 &=\frac{\sigma_x+\sigma_y}{2}+\sqrt{\left(\frac{\sigma_x-\sigma_y}{2}\right)^2+\tau_{xy}^2}\\ &=\frac{1}{2}\left\{\frac{E_0\left[-\frac{B\left(1+\frac{x}{L}\right)y}{H_0}+B\left(1+\frac{x}{L}\right)\left(1-\frac{y}{H_0}\right)-\frac{A_2+\frac{A_2x}{L}+\frac{q+h\gamma}{k_1}}{H_0}+\frac{A\left(1-\frac{y}{H_0}\right)\mu}{L}\right]}{1-\mu^2}+\right.\\ &\left.\frac{E_0\left[\frac{A\left(1-\frac{y}{H_0}\right)}{L}+\left[-\frac{B\left(1+\frac{x}{L}\right)y}{H_0}+B\left(1+\frac{x}{L}\right)\left(1-\frac{y}{H_0}\right)-\frac{A_2+\frac{A_2x}{L}+\frac{q+h\gamma}{k_1}}{H_0}\right]\mu\right]}{1-\mu^2}\right\}+\end{aligned}$$

$$\frac{E_0^2\left[-\frac{A\left(1+\frac{x}{L}\right)}{H_0}+\frac{By\left(1-\frac{y}{H_0}\right)}{L}+\left(1-\frac{y}{H_0}\right)\frac{A_2}{L}\right]^2}{(2+2\mu)^2}+$$

$$\frac{1}{4}\left\{\frac{E_0\left[-\frac{B\left(1+\frac{x}{L}\right)y}{H_0}+B\left(1+\frac{x}{L}\right)\left(1-\frac{y}{H_0}\right)-\frac{A_2+\frac{A_2x}{L}+\frac{q+h\gamma}{k_1}}{H_0}+\frac{A\left(1-\frac{y}{H_0}\right)\mu}{L}\right]}{1-\mu^2}+\frac{E_0\left[\frac{A\left(1-\frac{y}{H_0}\right)}{L}+\left[-\frac{B\left(1+\frac{x}{L}\right)y}{H_0}+B\left(1+\frac{x}{L}\right)\left(1-\frac{y}{H_0}\right)-\frac{A_2+\frac{A_2x}{L}+\frac{q+h\gamma}{k_1}}{H_0}\right]\mu\right]}{1-\mu^2}\right\}^2 \tag{5-37}$$

$$\sigma_3=\frac{\sigma_x+\sigma_y}{2}-\sqrt{\left(\frac{\sigma_x-\sigma_y}{2}\right)^2+\tau_{xy}^2}$$

$$=\frac{1}{2}\left\{\frac{E_0\left[-\frac{B\left(1+\frac{x}{L}\right)y}{H_0}+B\left(1+\frac{x}{L}\right)\left(1-\frac{y}{H_0}\right)-\frac{A_2+\frac{A_2x}{L}+\frac{q+h\gamma}{k_1}}{H_0}+\frac{A\left(1-\frac{y}{H_0}\right)\mu}{L}\right]}{1-\mu^2}+\frac{E_0\left[\frac{A\left(1-\frac{y}{H_0}\right)}{L}+\left[-\frac{B\left(1+\frac{x}{L}\right)y}{H_0}+B\left(1+\frac{x}{L}\right)\left(1-\frac{y}{H_0}\right)-\frac{A_2+\frac{A_2x}{L}+\frac{q+h\gamma}{k_1}}{H_0}\right]\mu\right]}{1-\mu^2}\right\}-$$

$$\frac{E_0^2\left[-\frac{A\left(1+\frac{x}{L}\right)}{H_0}+\frac{By\left(1-\frac{y}{H_0}\right)}{L}+\left(1-\frac{y}{H_0}\right)\frac{A_2}{L}\right]^2}{(2+2\mu)^2}+$$

$$\frac{1}{4}\left\{\frac{E_0\left[-\frac{B\left(1+\frac{x}{L}\right)y}{H_0}+B\left(1+\frac{x}{L}\right)\left(1-\frac{y}{H_0}\right)-\frac{A_2+\frac{A_2x}{L}+\frac{q+h\gamma}{k_1}}{H_0}+\frac{A\left(1-\frac{y}{H_0}\right)\mu}{L}\right]}{1-\mu^2}+\frac{E_0\left[\frac{A\left(1-\frac{y}{H_0}\right)}{L}+\left[-\frac{B\left(1+\frac{x}{L}\right)y}{H_0}+B\left(1+\frac{x}{L}\right)\left(1-\frac{y}{H_0}\right)-\frac{A_2+\frac{A_2x}{L}+\frac{q+h\gamma}{k_1}}{H_0}\right]\mu\right]}{1-\mu^2}\right\}^2 \tag{5-38}$$

若取 $\sigma_s=20$ MPa，则屈服切应力 $\tau_s=10$ MPa。在前面计算的基础上，可以计算出 h_g 不同时工作面超前最大切应力 τ_{max} 的分布，如图 5-16 所示。

τ_{max} 的分布呈现左侧小、右侧大的弧形分布。右上角的最大值随 h_g 增大而明

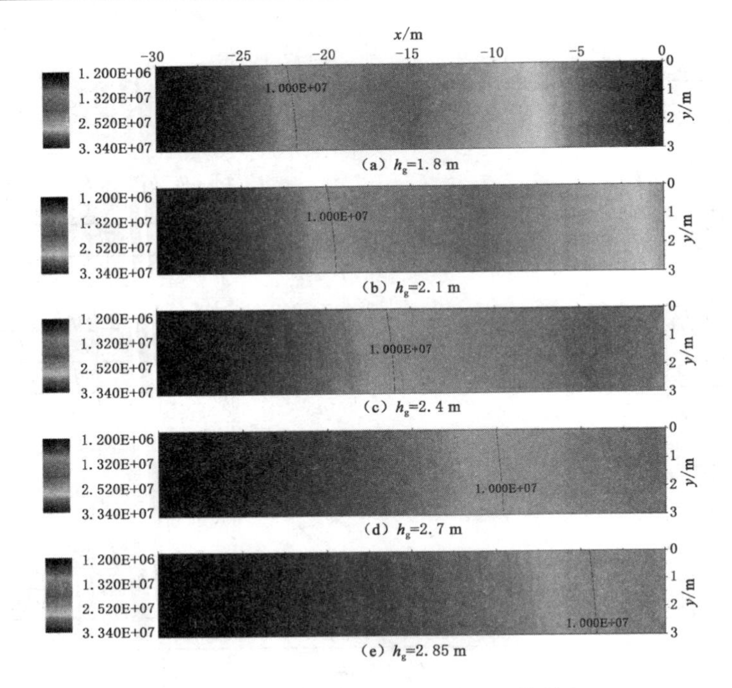

(a) h_g=1.8 m
(b) h_g=2.1 m
(c) h_g=2.4 m
(d) h_g=2.7 m
(e) h_g=2.85 m

图 5-16　h_g不同时最大切应力 τ_{max}的分布

显减小。$h_g=1.8$ m(采高的 60%)时,右上角的最大值为 33.4 MPa;$h_g=2.4$ m(采高的 80%)时,右上角的最大值为 20.25 MPa;$h_g=2.85$ m(采高的 95%)时,右上角的最大值为 11.55 MPa,发生了明显的减小。在图中,将 $\tau_{max}=10$ MPa 的等值线标出,可以得出各种情况下工作面前方发生塑性变形的区域。区域面积也随 h_g增大而明显减小。

可见,初始充填高度的增大能很好地控制顶板岩梁的下沉,从而有效地减小工作面超前应力集中和发生塑性变形的区域面积。

5.3.3　充填支架推压应力对工作面超前应力的影响

取 $h=4$ m、$E=10$ GN/m^2、$I=5.33$、$q=3.11$ MPa、$\gamma=25$ kN/m^3、$p_a=0.73$ MPa、$p_b=0.80$ MPa、$l=7.5$ m、$H_0=3$ m、$k_1=0.6$ GN/m^2、$E_0=1.26$ GN/m^2、$\mu=0.3$、$a_4=-433\ 702$、$b_4=15.987$、$h_g=2.4$ m,σ 分别取 1.0 MPa、1.5 MPa、2.0 MPa、2.5 MPa、3.0 MPa,由式(5-8)至式(5-12)及式(5-24)计算出 $y_1(x=0)$及 A_2等常数,再由式(5-33)、式(5-34) 求出相应的 A 与 B,代入式(5-29)至式(5-31),再次计算出工作面前方 $-30<x<0$,$0<y<3$ 区域的应力 σ_x、σ_y以及 τ_{xy},如图 5-17～图 5-19 所示,各应力分量最大值如表 5-4～表 5-6 所示。

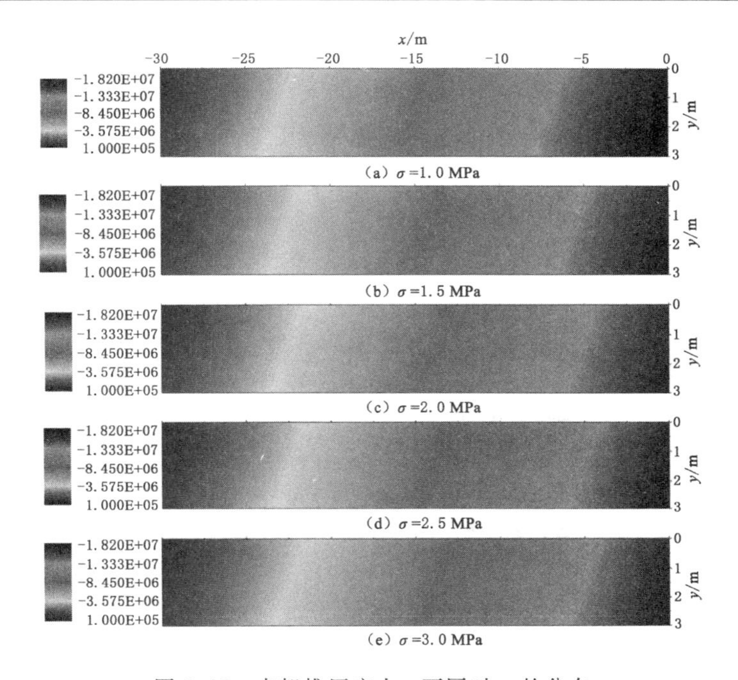

图 5-17　支架推压应力 σ 不同时 σ_x 的分布

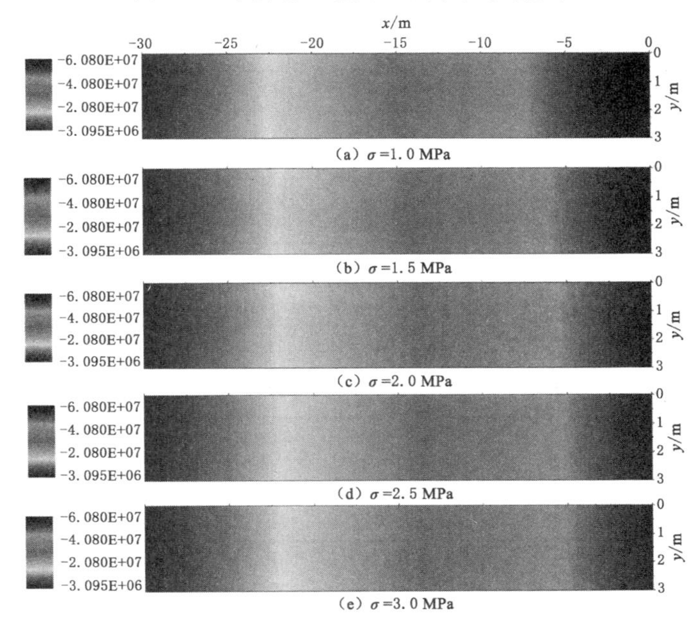

图 5-18　支架推压应力 σ 不同时 σ_y 的分布

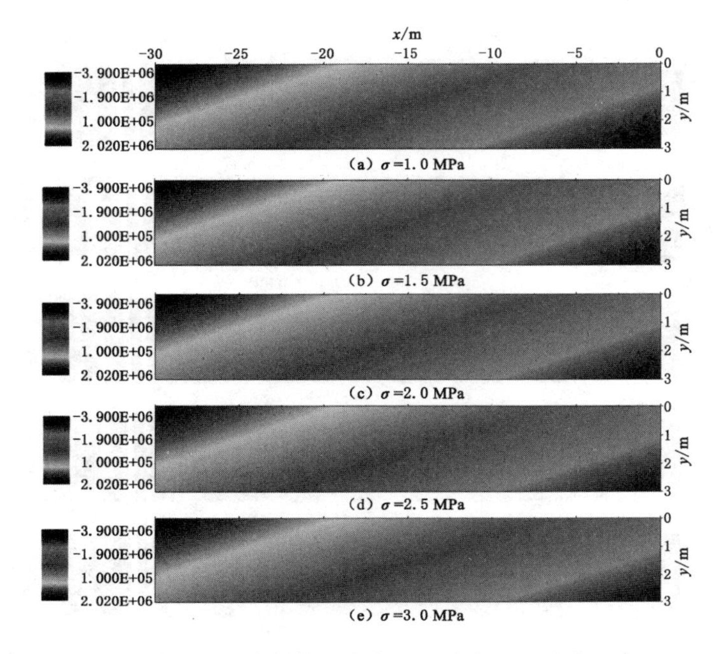

图 5-19　支架推压应力 σ 不同时 τ_{xy} 的分布

表 5-4　支架推压应力 σ 不同时水平方向最大压应力

	σ=1.0 MPa	σ=1.5 MPa	σ=2.0 MPa	σ=2.5 MPa	σ=3.0 MPa
最大压应力/MPa	18.2	17.25	16.85	16.7	16.7

表 5-5　支架推压应力 σ 不同时竖直方向最大压应力

	σ=1.0 MPa	σ=1.5 MPa	σ=2.0 MPa	σ=2.5 MPa	σ=3.0 MPa
最大压应力/MPa	60.8	57.6	56.4	55.8	55.8

表 5-6　支架推压应力 σ 不同时两侧 τ_{xy} 的最大值

	σ=1.0 MPa	σ=1.5 MPa	σ=2.0 MPa	σ=2.5 MPa	σ=3.0 MPa
左上角最大值/MPa	2.0	1.9	1.86	1.84	1.84
右下角最大值/MPa	3.9	3.7	3.62	3.6	3.58

由图 5-17 至图 5-19 可以看出，充填采煤液压支架的夯实机构推压应力 σ 对工作面超前应力分布也有一定的影响。

工作面超前水平应力 σ_x 的整体数值随推压应力 σ 的增大而减小。如表 5-4

所示，σ=1.0 MPa时，最大水平压应力为18.2 MPa；σ=2.0 MPa时，最大水平压应力减小了1.35 MPa；当支架推压应力再继续增加到σ=3.0 MPa时，最大水平压应力仅减小0.15 MPa。

工作面超前竖直应力σ_y的整体数值随推压应力σ的增大而减小。如表5-5所示，σ=1.0 MPa时，最大竖直压应力为60.8 MPa；σ=2.0 MPa时，最大竖直压应力减小了4.4 MPa；当支架推压应力再继续增加到σ=3.0 MPa时，最大竖直压应力仅仅减小0.6 MPa。

工作面超前剪应力τ_{xy}的整体数值随推压应力σ的增大而减小。如表5-6所示，σ=1.0 MPa时，τ_{xy}的最大值为3.9 MPa；σ=2.0 MPa时，τ_{xy}的最大值减小了0.28 MPa；当支架推压应力再继续增加到σ=3.0 MPa时，τ_{xy}的最大值仅仅减小0.04 MPa。

根据式(5-36)，若取σ_s=20 MPa，则屈服切应力τ_s=10 MPa。计算出推压应力σ不同时工作面超前最大切应力τ_{max}的分布，并将τ_{max}=10 MPa的等值线标出，如图5-20所示。发现τ_{max}的分布仍呈现左侧小、右侧大的弧形分布。右上角的最大值随推压应力σ的增大而减小。σ=1.0 MPa时，右上角的最大值为21.9 MPa；推压应力增加到σ=2.0 MPa时，右上角的最大值为20.25 MPa，减小了1.65 MPa；推压应力又增加到σ=3.0 MPa时，右上角的最大值为20.05 MPa，仅仅又减小了0.2 MPa。在图5-19中τ_{max}=10 MPa的等值线的位置随推压应力σ的增大而向右微小平移，但仍有推压应力由1.0 MPa增加到2.0 MPa时，平移较明显，之后平移量较小的规律。

可见，推压应力σ的增大对充填体的密实起到重要的作用，尤其是推压应力为2.0 MPa之前的情况煤壁区的应力数值和塑性变形的区域面积会明显减弱，推压应力由2.0 MPa再增加到σ=3.0 MPa时，煤壁区的应力数值和塑性变形的区域面积都基本不再发生变化。因此，充填采煤液压支架的夯实机构推压应力在2.0 MPa左右时，基本就可以满足煤壁区的控制要求。

5.3.4 充填支架让压高度对工作面超前应力的影响

取h=4 m、E=10 GN/m^2、I=5.33、h_1=0.2 m、q=3.11 MPa、γ=25 kN/m^3、p_a=0.73 MPa、p_b=0.80 MPa、l=7.5 m、σ=2 MPa、H_0=3 m、k_1=0.6 GN/m^2、E_0=1.26 GN/m^2、μ=0.3、a_4=−433 702、b_4=15.987，支架让压高度h_0分别取0.02 m、0.04 m、0.06 m、0.08 m、0.10 m，由式(5-8)至式(5-12)及式(5-24)计算出$y_1(x=0)$及A_2等常数，再由式(5-33)、式(5-34)求出相应的A与B，代入式(5-29)至式(5-31)，计算出工作面前方煤体$-30<x<0$，$0<y<3$区域的应力σ_x、σ_y以及τ_{xy}，如图5-21至图5-23所示。各应力分量最大值如表5-7至表5-9所示。

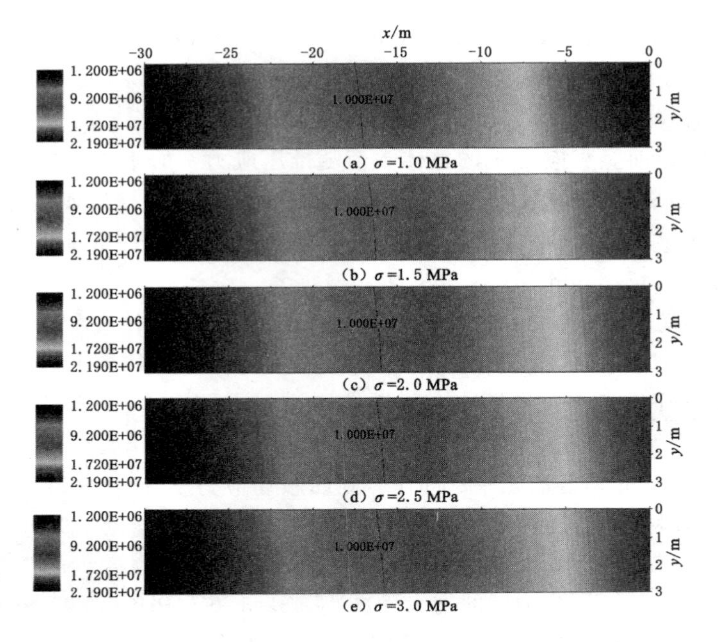

(a) σ=1.0 MPa

(b) σ=1.5 MPa

(c) σ=2.0 MPa

(d) σ=2.5 MPa

(e) σ=3.0 MPa

图 5-20 支架推压应力 σ 不同时煤壁区最大切应力 τ_{max} 的分布

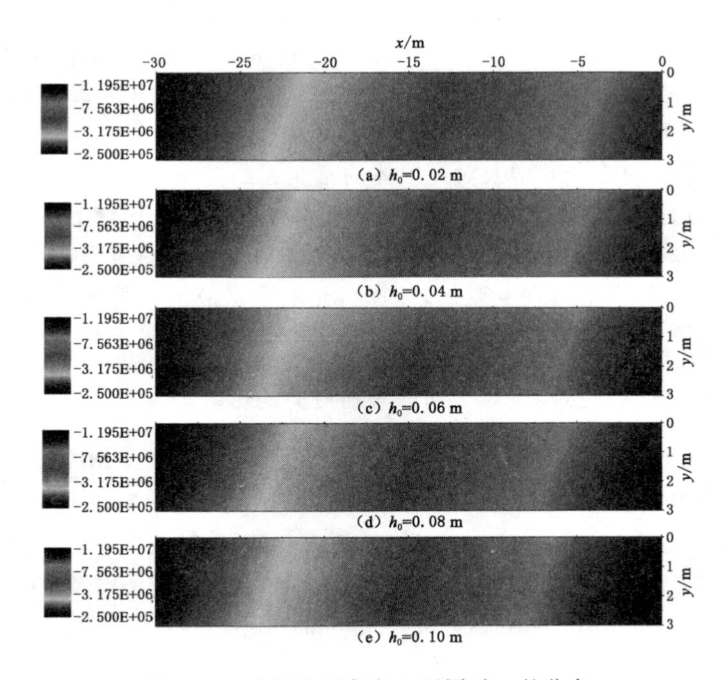

(a) h_0=0.02 m

(b) h_0=0.04 m

(c) h_0=0.06 m

(d) h_0=0.08 m

(e) h_0=0.10 m

图 5-21 支架让压高度 h_0 不同时 σ_x 的分布

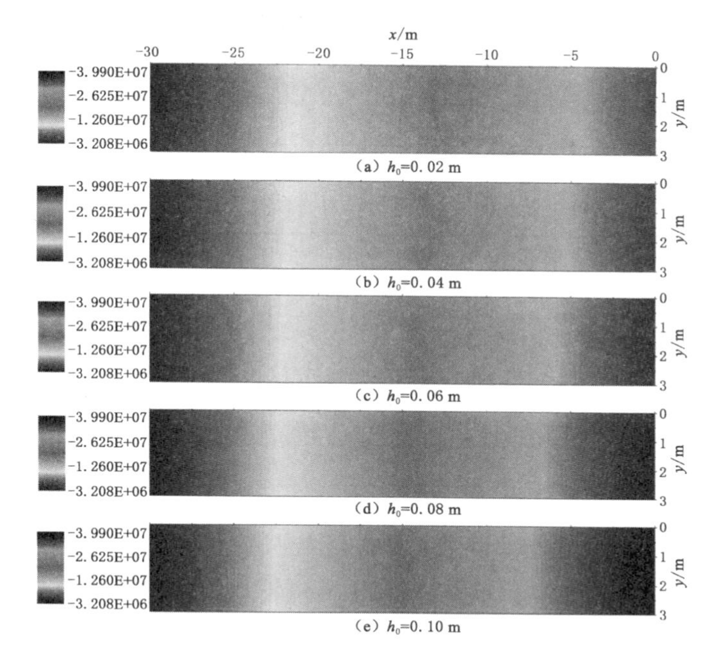

图 5-22　支架让压高度 h_0 不同时 σ_y 的分布

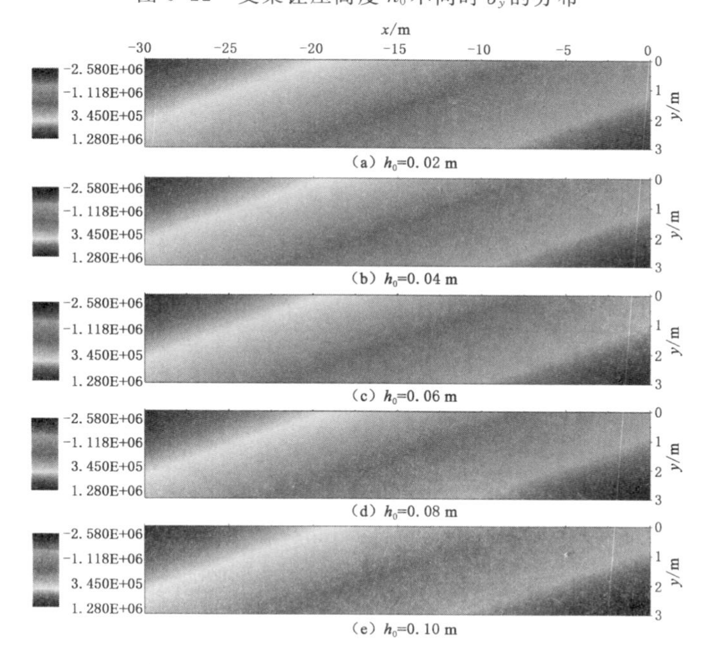

图 5-23　支架让压高度 h_0 不同时 τ_{xy} 的分布

表 5-7　h_0 不同时水平方向最大压应力

	h_0=0.02 m	h_0=0.04 m	h_0=0.06 m	h_0=0.08 m	h_0=0.10 m
最大压应力/MPa	10.7	11	11.3	11.65	11.95

表 5-8　h_0 不同时竖直方向最大压应力

	h_0=0.02 m	h_0=0.04 m	h_0=0.06 m	h_0=0.08 m	h_0=0.10 m
最大压应力/MPa	35.7	36.8	37.8	38.9	39.9

表 5-9　h_0 不同时两侧 τ_{xy} 的最大值

	h_0=0.02 m	h_0=0.04 m	h_0=0.06 m	h_0=0.08 m	h_0=0.10 m
左上角最大值/MPa	1.13	1.17	1.21	1.25	1.28
右下角最大值/MPa	2.31	2.38	2.45	2.51	2.58

由图 5-21 至图 5-23 可以看出，充填采煤液压支架的让压高度 h_0 对工作面超前应力分布也有一定的影响。

工作面超前水平应力 σ_x 的整体数值随 h_0 的增大而增大。如表 5-7 所示，h_0=0.02 m 时，最大水平压应力为 10.7 MPa；h_0=0.06 m 时，最大水平压应力增大了 0.6 MPa；当支架让压高度再继续增加到 h_0=0.10 m 时，最大水平压应力又增加 0.65 MPa。σ_x 基本上随 h_0 增大而稳步上升，这也是与 σ_x 随推压应力 σ 变化规律的区别所在。

工作面超前竖直应力 σ_y 的整体数值随 h_0 的增大而增大。如表 5-8 所示，h_0=0.02 m 时，最大竖直压应力为 35.7 MPa；h_0=0.06 m 时，最大竖直压应力增大了 2.1 MPa；当支架让压高度再继续增加到 h_0=0.10 m 时，最大竖直压应力又增加 2.1 MPa。最大竖直拉应力受 h_0 的影响较小，最大竖直压应力随 h_0 的增大而稳步上升。

工作面超前剪应力 τ_{xy} 的整体数值随 h_0 的增大而增大。如表 5-9 所示，h_0=0.02 m 时，τ_{xy} 的最大值为 2.31 MPa；h_0=0.06 m 时，τ_{xy} 的最大值为 2.45 MPa；当支架让压高度再继续增加到 h_0=0.10 m 时，τ_{xy} 的最大值为 2.58 MPa。

根据式(5-36)，仍取 σ_s=20 MPa，则屈服切应力 τ_s=10 MPa。计算出支架让压高度 h_0 不同时工作面超前最大切应力 τ_{max} 的分布，并将 τ_{max}=10 MPa 的等值线标出，如图 5-24 所示。

τ_{max} 的分布仍呈现左侧小、右侧大的弧形分布。右上角的最大值随支架让压高度 h_0 的增大而增大。h_0=0.02 m 时，右上角最大值为 12.85 MPa；让压高度

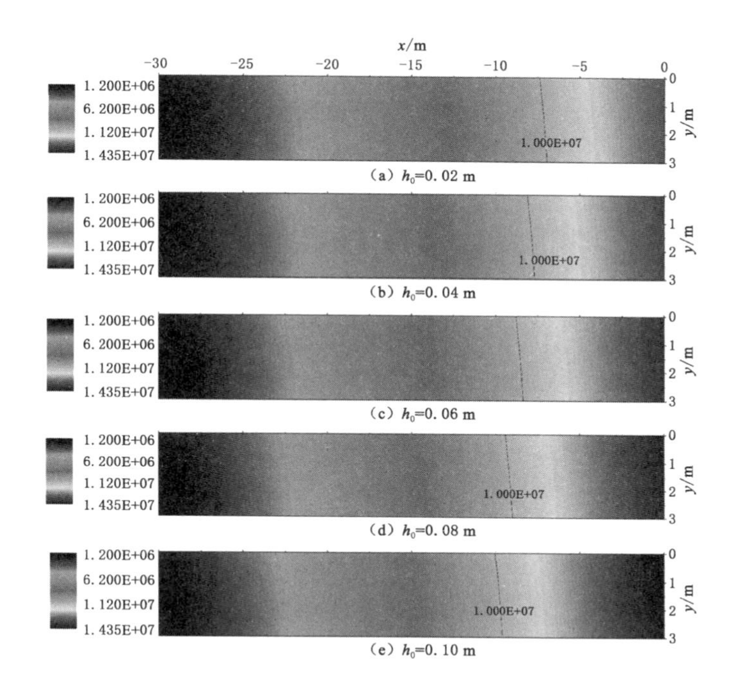

（a）h_0=0.02 m

（b）h_0=0.04 m

（c）h_0=0.06 m

（d）h_0=0.08 m

（e）h_0=0.10 m

图 5-24　支架让压高度 h_0 不同时最大切应力 τ_{max} 的分布

增加到 h_0＝0.06 m 时，右上角最大值为 13.6 MPa，增大了 0.75 MPa；让压高度又增加到 h_0＝0.10 m 时，右上角最大值为 14.35 MPa，又增大了 0.75 MPa，整体增长趋势比较平稳。在图 5-24 中，τ_{max}＝10 MPa 的等值线的位置随 h_0 的增大而向左平移，平移量也比较均匀。

可见，减小支架让压高度 h_0 能够缓解煤壁的应力集中和塑性变形的区域面积，有利于提高开采的安全性。

5.4　本章小结

本章在分析充填综采条件下岩层移动变形规律的基础上，建立了充填综采支架-围岩-充填体力学模型，分别计算了顶板岩梁的下沉量和工作面超前应力分布，并分别讨论了充填区初始充填高度、充填支架推压应力和充填支架让压高度对顶板下沉量和工作面超前应力的影响，主要得到以下结论：

（1）初始充填高度是控制顶板岩梁各部分的下沉和运移稳定性的决定性因素。它对充填区域顶板岩梁最终的稳定下沉量和顶板岩梁达到最终的稳定下沉量的距离都有很大影响。初始充填高度越大，顶板最终下沉量越小，同时，顶板岩梁达到最终的稳定下沉量的距离也越短。无论初始充填高度如何，支架上方岩梁的下沉都随离煤壁的距离增大而增大，且基本满足线性关系。煤壁处的下沉量随初始充填高度的增大而减小，也基本满足线性关系。

初始充填高度对工作面超前应力分布也有很大影响。水平应力和剪应力均呈现倾斜分布，最大值出现在右下角。竖直应力呈现竖直分布，最大压应力出现在右侧竖直边线的上端。各应力分量整体数值均随初始充填高度的增大而减小。最大切应力的分布呈现左侧小、右侧大的弧形分布，右上角的最大值随初始充填高度的增大而明显减小。初始充填高度的增大能有效地减小工作面超前应力集中和发生塑性变形的区域面积。

(2) 充填采煤液压支架的推压应力对充填区域顶板岩梁最终的稳定下沉量和顶板岩梁达到最终稳定下沉量的距离的影响也较大。推压应力越大，最终下沉量越小，下沉稳定距离也越短。但是这种控制作用有一定的限度，当推压应力在 2.0 MPa 以内时，对顶板岩梁的下沉和下沉运动的不稳定区域都可以起到有效的控制，超过 2.0 MPa 以后，控制作用就会明显减弱。

支架推压应力对工作面超前应力分布也有一定的影响。水平应力、竖直应力和剪应力的整体数值均随推压应力的增大而减小，塑性变形的区域面积也会变小，但这种控制作用主要发生在推压应力为 2.0 MPa 之前。

(3) 由于支架的让压高度不会太大，所以对顶板岩梁各部分的下沉量影响均不大。充填区域和支架上方顶板最终下沉量基本随让压高度增大而增大，但顶板岩梁达到最终的稳定下沉量的距离基本不受影响。

支架让压高度对于缓解工作面超前应力集中和减小塑性变形的区域面积方面的作用比较明显。支架让压高度减小时，水平应力、竖直应力和剪应力的整体数值会稳步下降，发生塑性变形的区域面积也会持续减小。所以减小支架让压高度能有效防止煤壁片帮，提高开采的安全性。

第 6 章　充填综采支架-围岩关系的数值计算

本章采用 Pro/E、Ansys Workbench 软件对充填综采过程进行了模拟计算，分析了采场覆岩变形和移动规律、矿压显现规律及充填采煤液压支架的应力分布及变化规律，并与第 5 章的理论计算结果进行对比研究。

6.1　数值模拟软件及方案

6.1.1　数值模拟软件

参数化设计的概念是在 Pro/E 中首次提出的，同时它还采用了单一数据库来解决特征的相关性问题[204]。Ansys Workbench 软件能够对各种结构的静力、动力学行为，线性和非线性特征，以及流体声电特性等进行准确的分析。软件的前处理模块提供了建模和网格划分工具，可与各种三维软件实现无缝连接；其分析计算模块包括结构分析、流体动力学分析和多物理场的耦合分析等；软件的后处理模块提供了多种形式的图形显示方式，如等值线、梯度、矢量等，还可以自由选择输出图片的格式[205]。

6.1.2　数值模型

本章以山西某矿区的工程地质条件为研究背景，沿工作面走向建立如图 6-1 所示的基本数值计算模型，共建十层岩层，岩层间添加绑定接触，采高 2.9 m，总高度 27.31 m，最上层距地表 105 m，在模型的上表面施加等效载荷 2.7 MPa。基本模型长×宽×高为 300 m×1.5 m×27 m，模型前后两面没有约束，两侧约束水平方向位移，底部约束垂直方向位移，各岩层的几何参数与物理力学参数见表 6-1。液压支架的型号为 ZC10000/20/40，工作阻力 10 000 kN，支护强度 0.8～0.9 MPa，初撑力 8 322 kN，力学参数见表 6-2，几何尺寸如图 6-2 所示。数值模型采用 Pro/E 进行建模，首先分别建立液压支架底座、前后顶梁、四连杆、六立柱、三级推压板、销钉等零件，然后通过装配功能把各机构装配成一个完整机构，最后把岩层和液压支架连接。本章未讨论支架夯实机构的作用，所以考虑到计算成本，未装配夯实机构推压板。装配好的整体模型另存为一种中间格式，最终导入到 Ansys Workbench 中进行分析，导入后的模型图如图 6-3 所示。

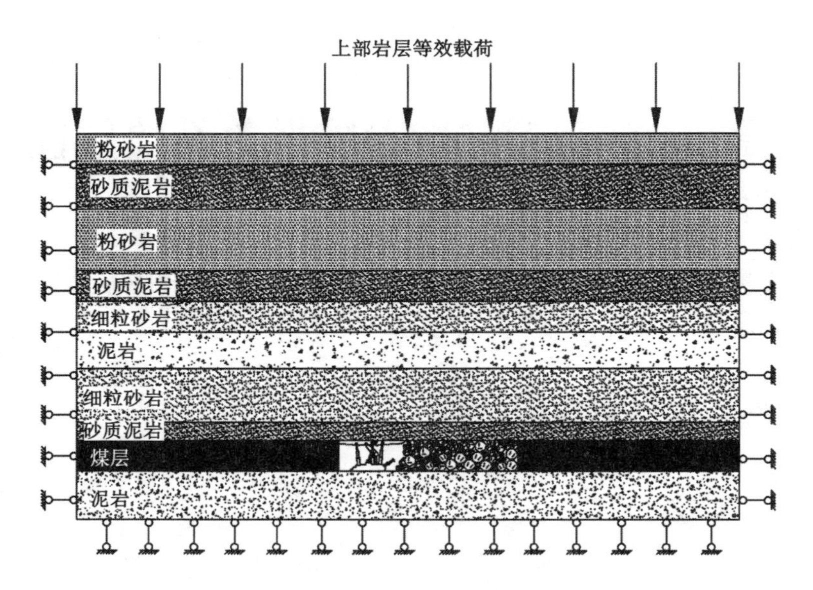

图 6-1　数值计算模型力学示意图

表 6-1　各岩层的几何参数与物理力学参数

岩层位置	岩性	密度 /(kg/m³)	抗压强度 /MPa	抗拉强度 /MPa	弹性模量 /GPa	泊松比 μ	厚度 /m
顶板	粉砂岩	2 305.3	43.9	9.16	9.01	0.14	1.17
	砂质泥岩	2 473.4	44.35	9.45	10.44	0.16	5.65
	粉砂岩	2 316.2	47.1	9.98	9.11	0.14	3.95
	砂质泥岩	2 486.2	45.15	12.98	11.63	0.12	2.20
	细粒砂岩	2 669.9	92.65	18.26	14.25	0.23	1.95
	泥岩	2 256.3	37.43	8.93	10.44	0.13	1.25
	细粒砂岩	2 646.2	71.24	15.72	14.73	0.19	2.35
	砂质泥岩	2 456	46.24	13.56	2.70	0.16	0.50
煤层	煤	1 345.8	7.25	4.21	1.26	0.29	2.9
底板	泥岩	2 278.2	55.37	13.59	8.96	0.15	5.39

表 6-2　液压支架力学参数

钢材牌号	抗拉强度 /MPa	屈服强度 /MPa	伸长率 /%	弹性模量 E/MPa	泊松比 μ
27SiMn	980	835	12	530 000	0.28
Q345B	510～660	345	22	210 000	0.3
35	530	315	20	210 000	0.3

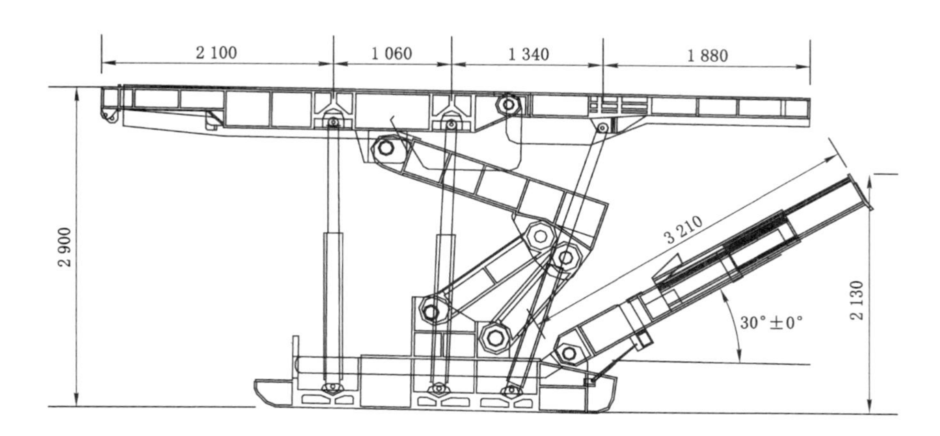

图 6-2　充填采煤液压支架几何模型

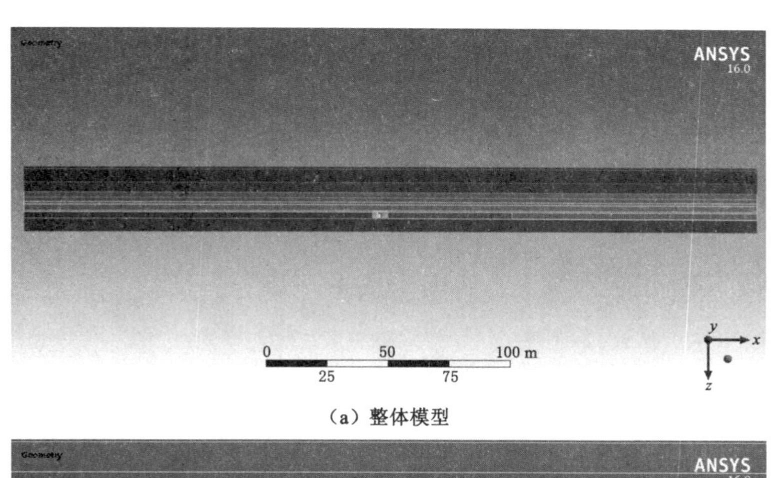

(a) 整体模型

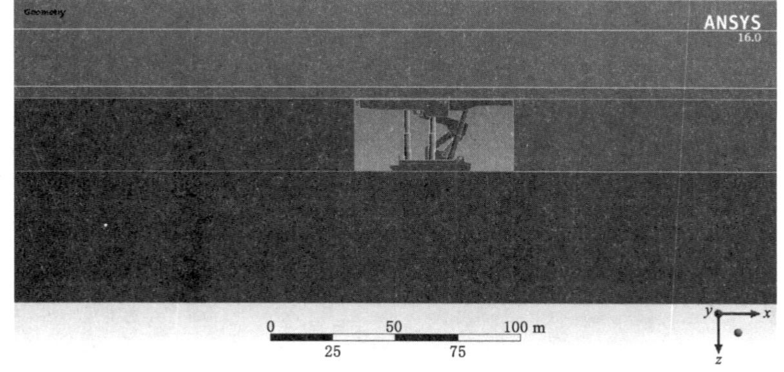

(b) 模型局部放大图

图 6-3　综合机械化固体充填开采数值模型

6.1.3 数值模拟方案

本章模拟沿工作面走向进行的充填采煤过程。模型两侧各留 100 m 的边界不采煤，中间充填开采 100 m，开采方向从右向左，以煤层上边线的最左端为坐标原点，从 $x=200$ m 位置处开始开采，到 $x=100$ m 位置处结束。开采步距为 1 m，每隔 10 m 记录保存一次。每步充填开采过程分三个小步骤：① 割煤后，支架前顶梁到煤壁间有一个截深的空顶距；② 移架后，支架前顶梁紧靠煤壁，后顶梁尾部往采空区方向有一个截深的空顶距；③ 充填后，支架前顶梁紧靠煤壁，后顶梁尾部接近充填体边缘。本章分别模拟并讨论不同的初始充填高度条件下和不同的支架让压高度条件下，顶板变形规律、围岩应力变化规律及支架顶梁应力变化规律。

6.2 顶板变形规律

本节分别对初始充填高度 h_g 为采高 85%、90%和 95%三种条件下顶板变形规律进行数值计算。在初始充填高度为采高 90%的情况下，围岩变形情况如图 6-4 所示。图中水平长度标尺和变形云图颜色标尺都一样，见图 6-4(i)。

(a) 工作面推进17.36 m(充填11 m)

(b) 工作面推进27.36 m(充填21 m)

(c) 工作面推进37.36 m(充填31 m)

(d) 工作面推进47.36 m(充填41 m)

图 6-4 围岩变形情况($h_g=0.9H_0$)

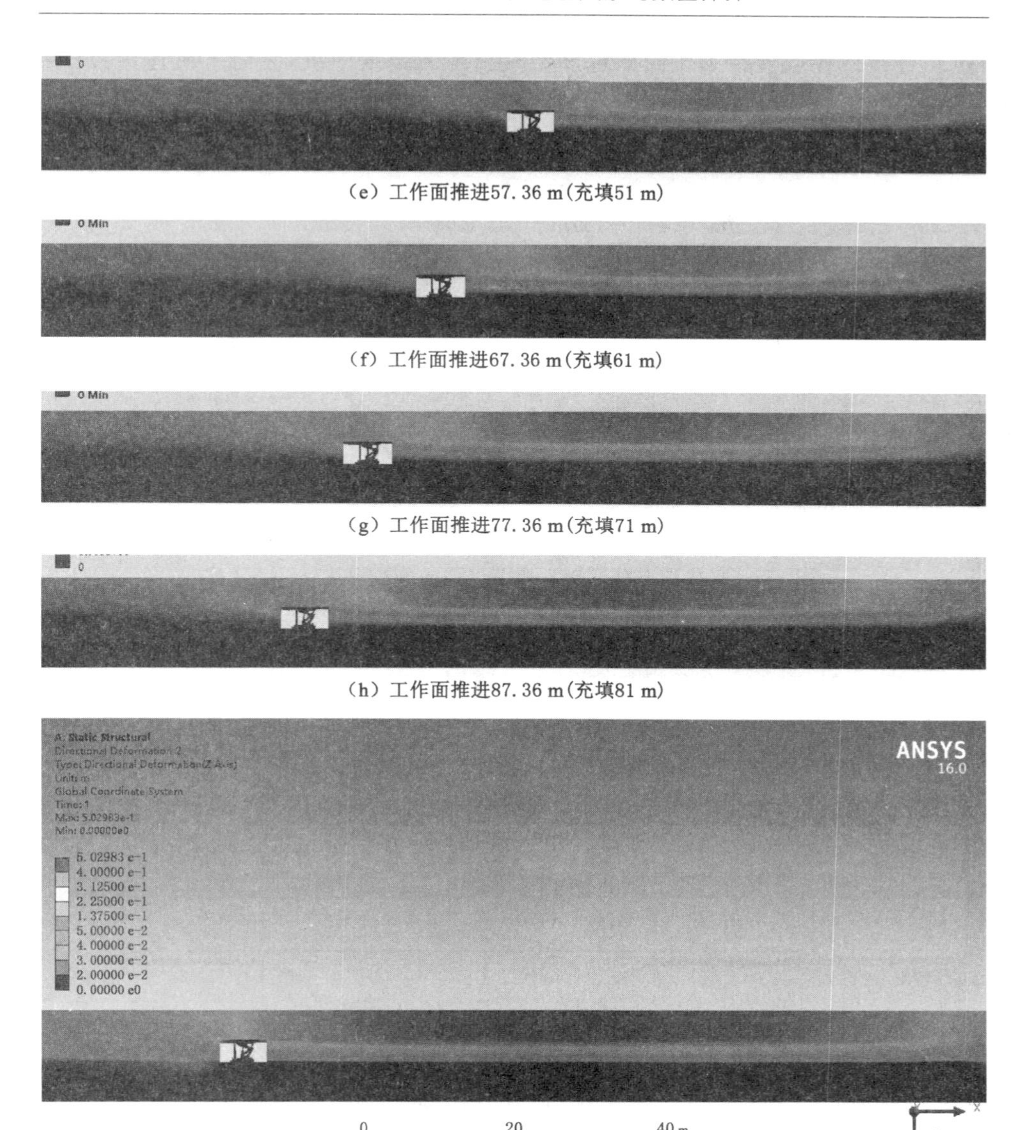

（e）工作面推进57.36 m(充填51 m)

（f）工作面推进67.36 m(充填61 m)

（g）工作面推进77.36 m(充填71 m)

（h）工作面推进87.36 m(充填81 m)

（i）工作面推进97.36 m(充填91 m)

图 6-4(续)

取煤层上方砂质泥岩的上表面前方边线为测线，记录各种情况下测线上各点的变形量，可得直接顶下沉量随工作面位置的分布规律，见图 6-5。可以看出，随着充填开采工作面的向前推进，直接顶的下沉量逐渐增大，并逐渐趋于稳定。直接顶各点会在工作面推过该点时出现大幅度下沉，之后下沉速度逐渐变慢。曲线重叠部分反映出工作面推过测点大约 20 m 以后，下沉量就基本趋于稳定，这些也与第 5 章将岩层视为弹性地基计算出来的结果基本吻合。

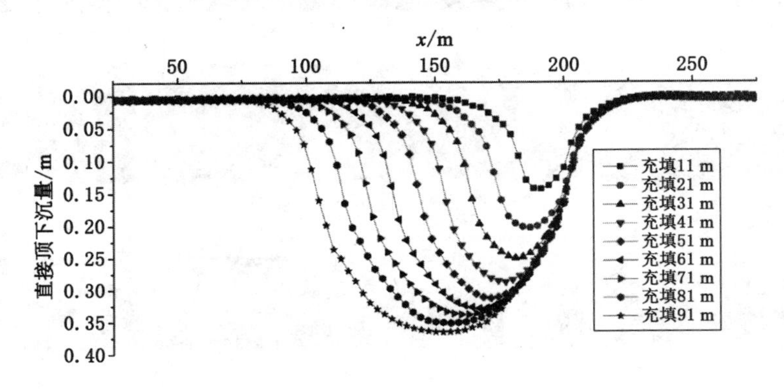

图 6-5　直接顶下沉量随工作面位置的分布规律（$h_g=0.9H_0$）

初始充填高度 h_g 不同时，直接顶的最终下沉量不同。在三种充填高度下，充填 91 m 时直接顶的下沉量如图 6-6 所示。直接顶的最终下沉量随初始充填高度的增大而减小。h_g 为采高的 85% 时，直接顶最大下沉量可达 0.53 m；h_g 为采高的 90% 时，直接顶最大下沉量为 0.37 m；h_g 为采高的 95% 时，直接顶最大下沉量仅为 0.30 m。说明增大充填体初始充填高度，能有效控制顶板下沉。

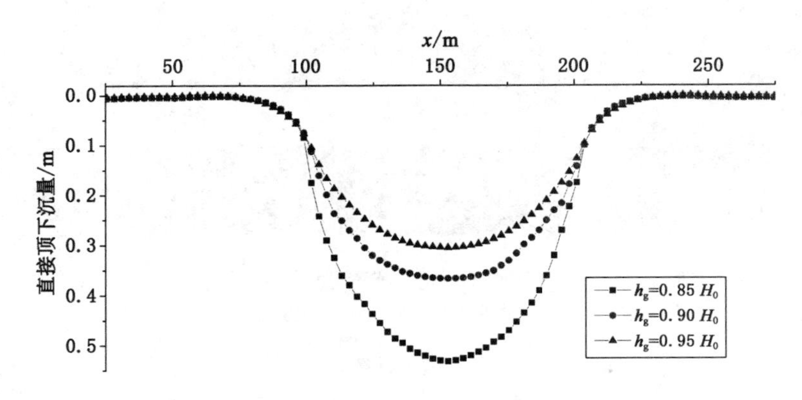

图 6-6　不同充填高度时直接顶最终下沉量

6.3 围岩应力变化规律

6.3.1 初始充填高度对围岩应力的影响

分别取初始充填高度 h_g 为采高 H_0 的 85%、90% 和 95% 三种条件，进行充填开采模拟计算，在工作面推进 97.36 m(即后方充填 91 m)情况下，工作面前方煤体最大切应力分布如图 6-7 所示，图中云图数值单位、水平标尺和坐标方向均相同，如图 6-7(a)所示。同时，记录三种情况下煤层上表面的边线及直接顶砂质泥岩的上表面前方边线的等效应力分布情况并比较，作出曲线，如图 6-8 所示。

(a) h_g=0.80 H_0

(b) h_g=0.85 H_0

(c) h_g=0.90 H_0

图 6-7　初始充填高度不同时工作面前方煤体最大切应力分布

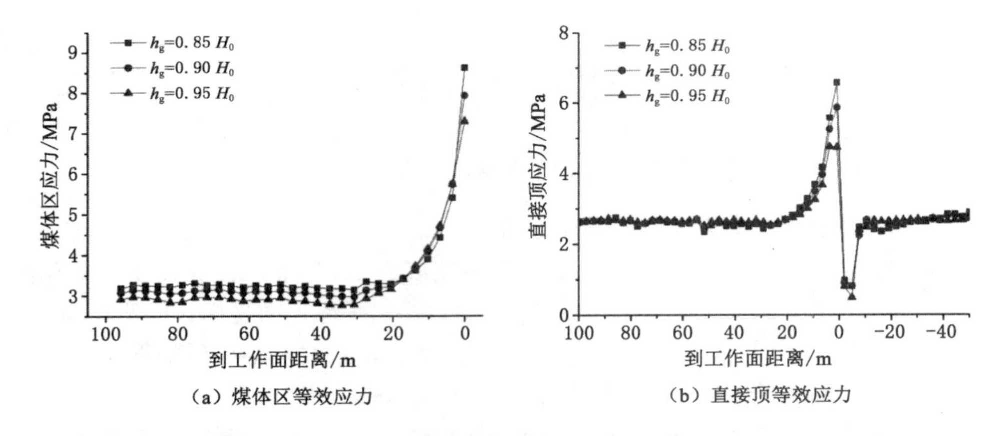

(a) 煤体区等效应力　　(b) 直接顶等效应力

图 6-8　不同充填高度时煤体区和直接顶等效应力分布

由图 6-7 可以看出,初始充填高度 h_g不同时,工作面前方煤体的应力呈现类似的分布。但是,应力的数值受 h_g的影响较大。h_g为采高的 85%时,前方煤体最大切应力为 4.68 MPa;h_g为采高的 90%时,前方煤体最大切应力为 4.31 MPa;h_g为采高的 95%时,前方煤体最大切应力为 3.93 MPa。这也与第 5 章理论部分对工作面前方煤体最大切应力分布的讨论得到的结论相符。

由图 6-7 和图 6-8 还可以看出,初始充填高度 h_g不同时,工作面前方煤体和直接顶的超前应力峰值和应力集中范围均不同。h_g为采高的 85%时,前方煤体超前应力峰值为 8.6 MPa,应力集中影响距离在 20 m 左右;直接顶的超前应力峰值为 6.56 MPa。h_g为采高的 90%时,前方煤体超前应力峰值为 7.91 MPa,应力集中影响距离在 25 m 左右;直接顶的超前应力峰值为 5.85 MPa。h_g为采高的 95%时,前方煤体超前应力峰值为 7.27 MPa,应力集中影响距离在 28 m 左右;直接顶的超前应力峰值为 4.72 MPa。这说明,充填体的初始充填高度越大,就越快地起到支撑顶板的作用,有效地控制顶板的运动,从而减缓工作面前方煤体和直接顶的超前应力集中。

6.3.2　支架让压高度对工作面超前应力的影响

在初始充填高度为 90%采高情况下,分别取支架让压高度 0.02 m、0.04 m 和 0.06 m,进行充填开采模拟计算,在工作面推进 97.36 m(即后方充填 91 m)的情况下,前方煤体的最大切应力分布如图 6-9 所示,图中云图数值单位、水平标尺和坐标方向均相同,如图 6-9(a)所示。

可以看出,支架让压高度不同时,工作面前方煤体最大切应力分布的变化较小。这是由于支架让压高度很小,顶板下沉运动过程中很快就能接触支架,所以

（a）支架让压高度0.02 m

（b）支架让压高度0.04 m

（c）支架让压高度0.06 m

图 6-9　支架让压高度不同时工作面前方煤体最大切应力分布

对前方煤体的影响不大。但是由图中仍可看出，右上角的最大切应力峰值还是随支架让压高度的增大而增大。支架让压高度 0.02 m 时，应力峰值为 4.31 MPa；支架让压高度 0.04 m 时，应力峰值为 4.34 MPa；支架让压高度 0.06 m 时，应力峰值为 4.35 MPa。这主要是支架让压带来顶板下沉而引起的，下沉量增大必然导致前方煤体右上角的应力增大。总体上看，支架让压高度对工作面超前应力的影响没有充填体初始充填高度的影响大。

6.4 支架顶梁应力变化规律

根据充填综采的工作过程，本节模拟在工作面推进过程中，充填采煤液压支架在前方开挖后，前顶梁的前方出现空顶；移架后，后顶梁的后方出现空顶；充填后，支架前方为煤体，后方为充填体，均无空顶。三种情况下，支架的位置如图6-10所示。

(a) 开挖后

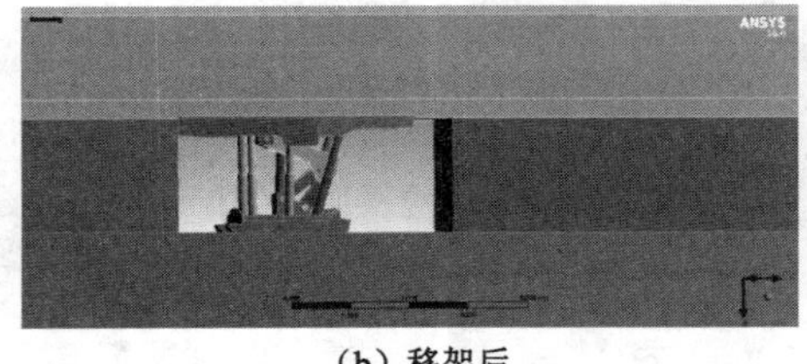

(b) 移架后

(c) 充填后

图 6-10 充填开采过程中液压支架位置

6.4.1 充填开采过程对支架应力分布的影响

在 h_g 为采高 H_0 的 90%、工作面推进 96.36 m 的前提下，分别选取前方开挖 1 m 后、移架后和充填后三种情况，得出充填采煤液压支架顶梁的应力分布如图6-11所示。

从图中可以看出，液压支架顶梁的应力分布会随充填开采过程发生变化。当工作面前方开挖 1 m 后，支架前方出现空顶，导致支架前立柱上方顶梁应力较大，集中区应力在 15～18 MPa 之间，应力集中区域的面积也较大，后顶梁的应力主要集中在后立柱上方区域，应力在 26～30 MPa 之间。移架以后，支架前方的空顶消失，前顶梁紧贴煤壁，所以前顶梁上的应力明显减小，集中区应力在 12～15 MPa 之间，区域面积也明显缩小。支架后方则出现空顶，工作面后方又是还未压实的充填体，所以支架后顶梁的应力集中区域面积明显增大，从后立柱

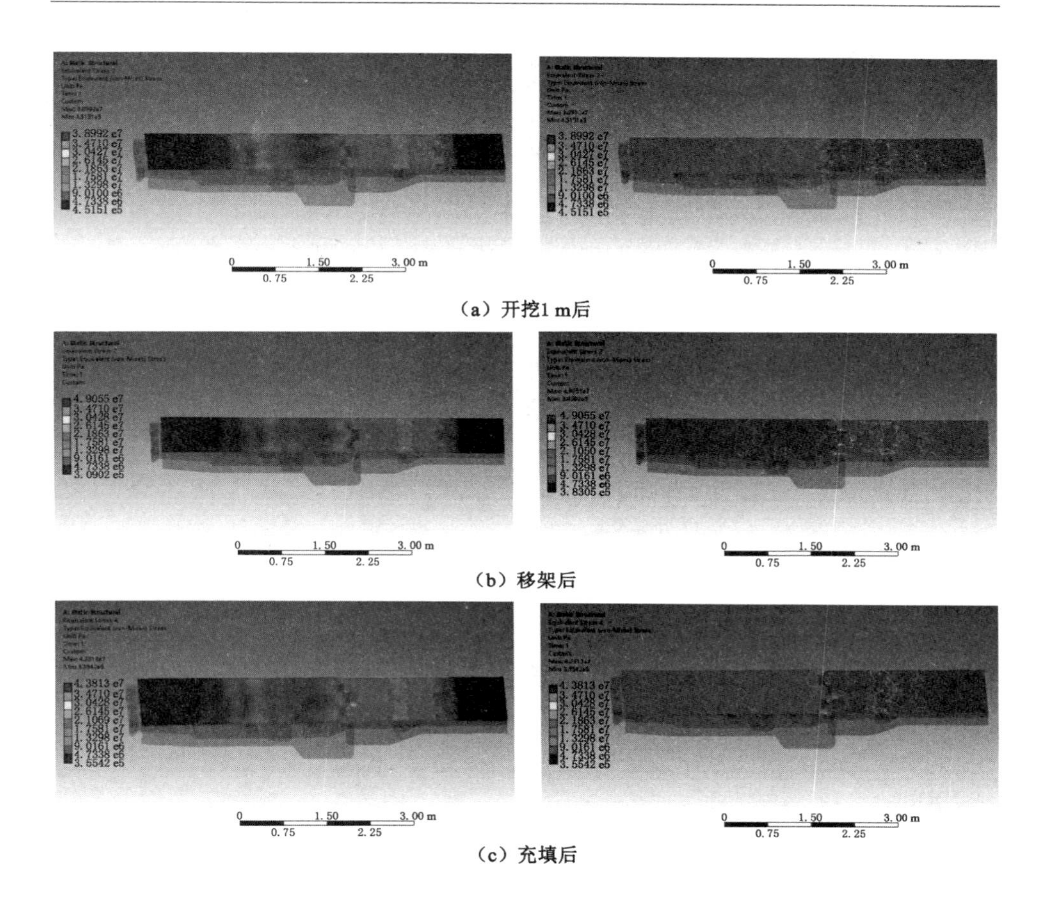

(a) 开挖1 m后

(b) 移架后

(c) 充填后

图 6-11　充填开采过程中液压支架顶梁应力云图及等值线图

上方扩展到后顶梁的最前端，与前顶梁连接处集中区应力在 28～33 MPa 之间。充填后，支架前面是煤壁，后面是充填体，所以顶梁上应力减小，前顶梁集中区应力在 10～14 MPa 之间，后顶梁集中区应力在 24～29 MPa 之间，面积也随之减小。可见，在充填开采过程中，支架顶梁的应力分布满足前顶梁小、后顶梁大的规律。在每步充采过程中，支架前顶梁的应力在开挖时最大，支架后顶梁的应力在移架时最大，充填后，支架前后顶梁的应力均明显减小。

6.4.2　初始充填高度对支架应力分布的影响

在工作面推进 96.36 m(即后方充填 90 m)情况下，分别取 h_g 为采高 H_0 的 85%、90%和 95%三种条件，得出前方开挖 1 m 后、移架后和充填后的液压支架顶梁的应力分布如图 6-12～图 6-14 所示。

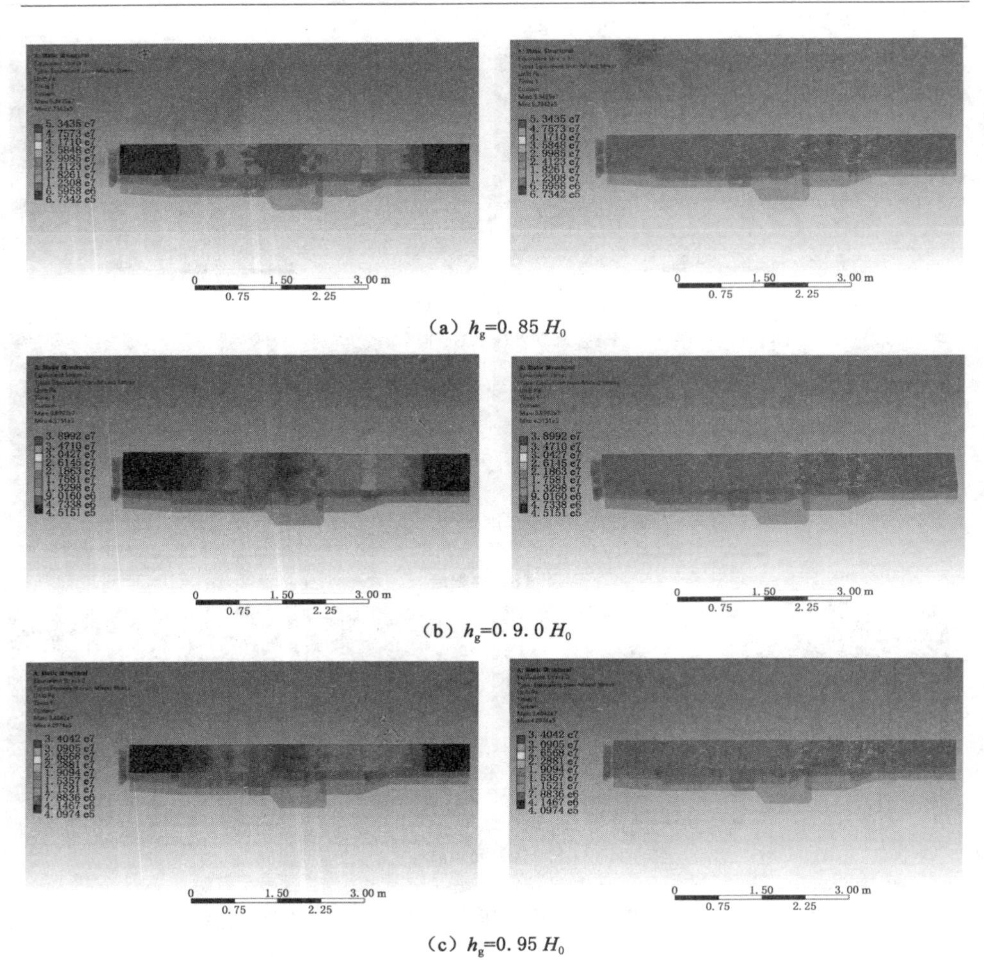

(a) h_g=0.85 H_0

(b) h_g=0.9.0 H_0

(c) h_g=0.95 H_0

图 6-12　开挖 1 m 后液压支架顶梁的应力分布

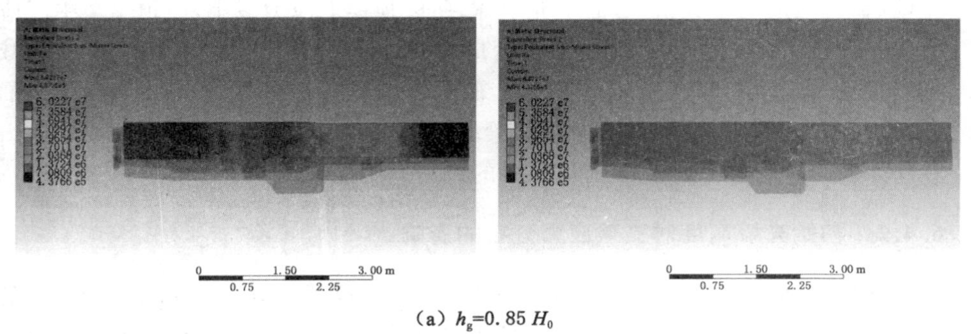

(a) h_g=0.85 H_0

图 6-13　移架后液压支架顶梁的应力分布

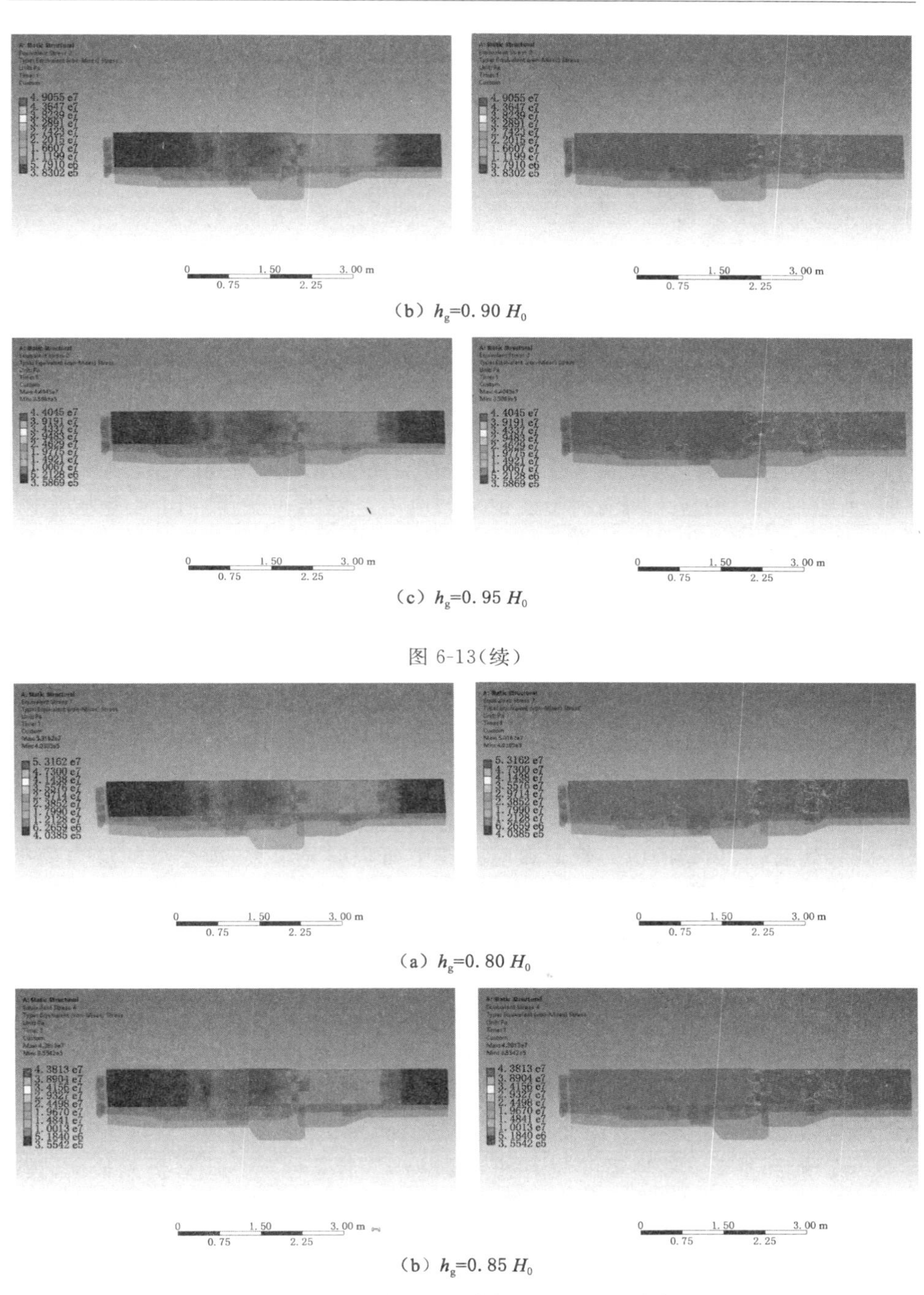

（b）h_g=0.90 H_0

（c）h_g=0.95 H_0

图 6-13(续)

（a）h_g=0.80 H_0

（b）h_g=0.85 H_0

图 6-14　充填后液压支架顶梁的应力分布

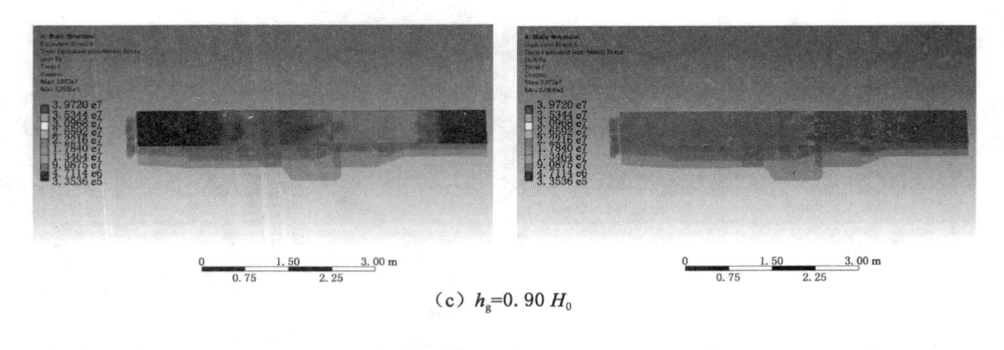

(c) h_g=0.90 H_0

图 6-14(续)

可以看出,初始充填高度 h_g 不同时,液压支架顶梁的应力呈现类似的分布。支架前方是实体煤,对顶板支撑较强,后方是还未压实的充填体,对顶板支撑较弱,所以后顶梁的应力明显大于前顶梁的应力。除了一些角点出现应力集中之外,应力的主要集中区域还是在立柱上方。同时,应力的数值受 h_g 的影响很大。

前方开挖后,后立柱上方顶梁应力最大,其次是前立柱上方,中立柱上方顶梁的应力最小。h_g 为采高的 85%时,前立柱上方中心区域的应力为 24 MPa 左右,后立柱上方为 37 MPa 左右;h_g 为采高的 90%时,前立柱上方中心区域的应力为 17 MPa 左右,后立柱上方为 30 MPa 左右;h_g 为采高的 95%时,前立柱上方中心区域的应力为 15 MPa 左右,后立柱上方为 26 MPa 左右。中立柱的应力均较小。同时,前顶梁上的应力集中区域面积也会随 h_g 增大而减小,趋向于更均匀分布。

移架后,后顶梁的应力数值和应力集中面积明显增大,前顶梁的应力变小。后立柱上方至后顶梁前部的应力最大,其次是前立柱上方,中立柱上方顶梁的应力仍然最小。h_g 为采高的 85%时,前立柱上方中心区域的应力为 13 MPa 左右,后顶梁前半部分的应力为 40 MPa 左右;h_g 为采高的 90%时,前立柱上方中心区域的应力为 11 MPa 左右,后顶梁前半部分的应力为 27 MPa 左右;h_g 为采高的 95%时,前立柱上方中心区域的应力为 10 MPa 左右,后顶梁前半部分的应力为 24 MPa 左右。同时,后顶梁上的应力集中区域面积也会随 h_g 增大而减小,趋向于更均匀分布。

充填后,整个支架顶梁的应力进一步减小。后立柱上方应力仍然最大,其次是前立柱上方,中立柱上方的应力最小。h_g 为采高的 85%时,前立柱上方中心区域的应力为 12 MPa 左右,后立柱上方为 37 MPa 左右;h_g 为采高的 90%时,前立柱上方中心区域的应力为 10 MPa 左右,后立柱上方为 26 MPa 左右;h_g 为采高的 95%时,前立柱上方中心区域的应力为 9 MPa 左右,后立柱上方为 22 MPa 左右。

可见，无论是开挖过程，还是移架和充填过程中，前后立柱上方顶梁的应力数值及应力集中区域的面积均随初始充填高度的增大而减小。增大充填体的初始充填高度能有效降低支架的应力，分散支架的应力集中，提高安全性。

6.4.3　支架让压高度对支架应力分布的影响

选取初始充填高度为 90%采高，分别取支架让压高度 0.02 m、0.04 m 和 0.06 m 进行充填开采模拟计算，在工作面推进 97.36 m（即后方充填 91 m）的情况下，充填采煤液压支架顶梁的应力分布如图 6-15 所示，图中云图数值单位、水平标尺和坐标方向均相同，如图 6-15(a)所示。

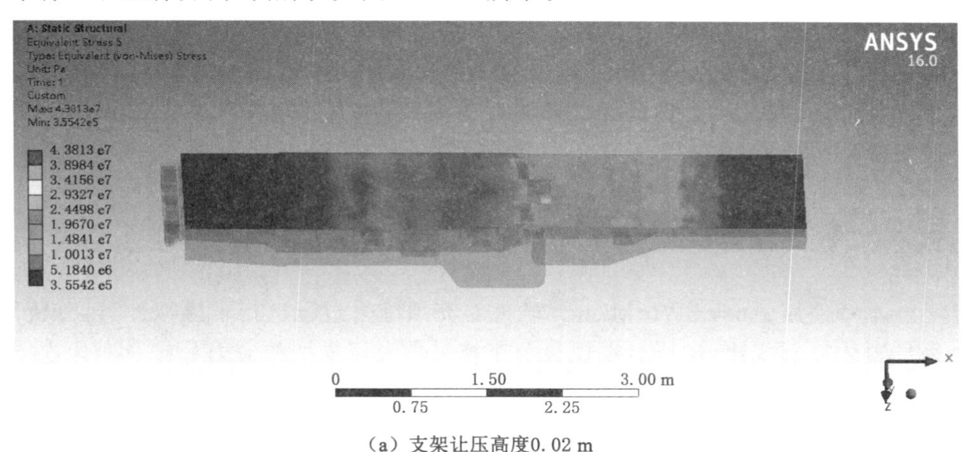

（a）支架让压高度0.02 m

（b）支架让压高度0.04 m

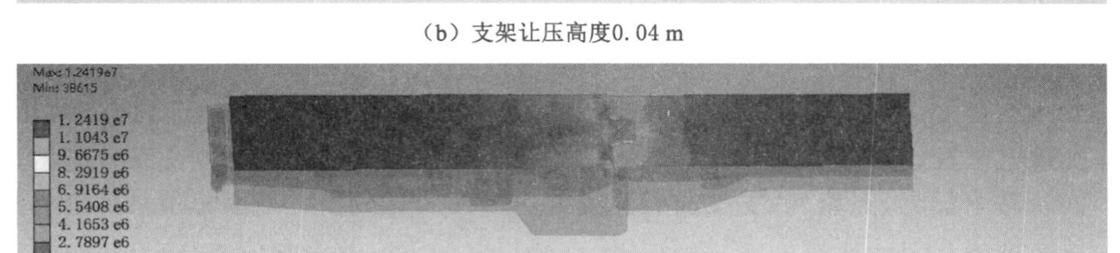

（c）支架让压高度0.06 m

图 6-15　支架让压高度不同时液压支架顶梁的应力分布

从图中可以看出，支架让压高度不同时，支架顶梁的应力分布变化很大。支架让压高度 0.02 m 时，顶梁上的应力主要集中在后顶梁。除去一些角点的应力集中之外，后立柱上方到后顶梁最前端区域的应力均较大，集中区应力在后立柱上方，数值在 25～30 MPa 左右；前顶梁的前立柱上方区域应力也较大，集中区应力在 10～14 MPa 左右。支架让压高度 0.04 m 时，顶梁应力明显减小，集中区应力在 6～8 MPa 左右，出现在后顶梁前部位置；后立柱上方顶梁应力在 3～5 MPa 左右，前立柱上方顶梁应力在 2～3 MPa 左右；应力集中区域的面积也明显减小，并向中部收缩。支架让压高度 0.06 m 时，支架顶梁应力进一步减小，集中区应力在 4～6 MPa 左右，出现在前后顶梁连接区域；后立柱上方顶梁应力和前立柱上方顶梁应力均在 1 MPa 左右；应力集中区域的面积也继续减小。所以支架顶梁的应力分布和数值都会受到让压高度的极大影响。在保持顶板完整性的前提下，合理选择支架的让压高度，能有效地降低支架的工作阻力，避免压架事故的发生。

6.5 本章小结

本章使用 Ansys Workbench 软件对充填综采过程进行了模拟计算，分析了采场覆岩变形规律、矿压显现规律及充填采煤液压支架的应力分布及变化规律，得到以下结论：

(1) 随着充填区测点与工作面距离的增加，顶板的下沉量逐渐增大，并逐渐趋于稳定。增大充填体初始充填高度，能有效控制顶板下沉。顶板的稳定下沉量及下沉达到稳定的距离与第 5 章理论计算结果相符。

(2) 初始充填高度不同，工作面前方煤体的应力呈现类似的分布，且与第 5 章理论计算结果基本相符。充填体的初始充填高度越大，就越快地起到支撑顶板的作用，有效地控制顶板的运动，从而减缓前方煤体和直接顶的超前应力集中。

(3) 液压支架顶梁的应力分布会随充填开采过程发生变化。顶梁上的应力分布整体上呈现前面小、后面大的规律，应力主要集中在前后立柱之间的区域。前顶梁上应力在工作面前方开挖后的状态下最大，后顶梁上应力在支架移架后的状态下最大，充填后，支架前后顶梁的应力均明显减小。增大充填体的初始充填高度或支架让压高度，能有效降低支架顶梁的应力数值和应力集中区域面积。

第 7 章　综合机械化固体充填开采过程的物理模拟

相似材料模拟试验不仅具有很强的直观性和可重复性，而且是一种条件控制灵活性好、效率高的试验方法，已成为采矿工程中研究岩层移动特征及矿山压力变化规律的重要手段。该方法以相似三定理为依据，使用与原型力学性能相近的材料，按照实际工程地质条件和原型模型相似比设计材料配比参数，铺设模型并预设位移测点和埋设压力盒，在满足相似边界条件下进行开采，通过数字测量技术和高速静态应变仪进行相关数据测量，研究开采过程中的围岩运移规律。

本章在第 5 章充填开采力学模型理论研究的基础上，借助相似理论，进行相似材料模拟试验，观测充填开采过程中的岩层移动、破坏及应力变化情况，验证第 5 章中关于充填体初始充填高度和支架让压高度对覆岩变形及应力变化的影响规律的正确性。

7.1　相似材料模型的试验设备及材料

7.1.1　试验设备

相似材料模型试验采用中国矿业大学国家重点实验室的长×高×宽＝2.50 m×1.50 m×0.20 m 平面模型试验架，试验架上方带有气缸加载系统，可通过气泵对模型进行加载。图像采集使用中国矿业大学自主研发的数字摄影测量系统，全程固定机位跟踪拍摄，并在后期通过图像处理软件准确计算岩层各点的移动情况。模型铺设过程中埋设压力盒，并连接数字高速应变仪，对试验过程中各层位岩体应力进行监测。通过手动加压油泵对支架模型进行加压，调节支架的高度和支撑力。各主要试验设备如图 7-1 所示。

7.1.2　岩层相似材料的选取

模型的岩层相似材料选取原则主要有以下几方面：

（1）各部分材料的主要物理力学性能相似；

（2）主要力学指标稳定；

（3）力学指标可以通过配比选择的不同而改变；

（a）模型架

（b）模型架加压气泵

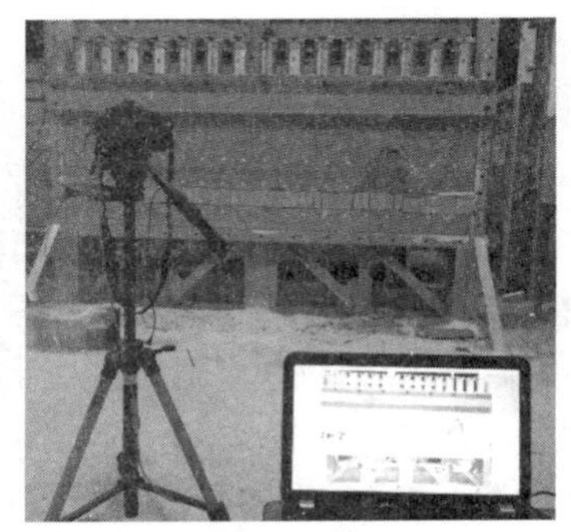

（c）数字摄影系统

（d）数字高速应变仪

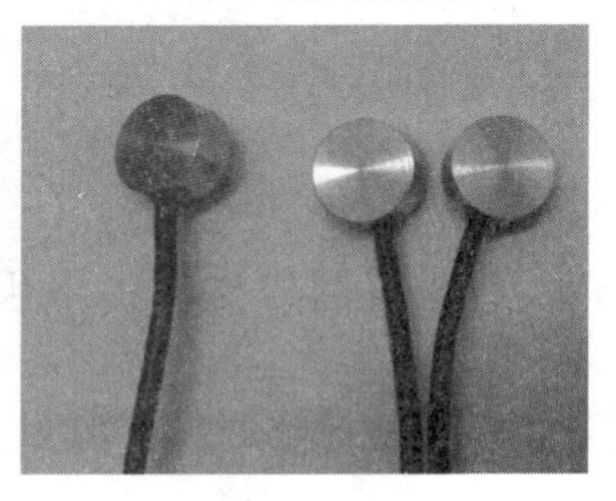

（e）压力盒

（f）液压支架模型

（g）液压支架加压泵

图 7-1　主要试验设备

(4) 模型铺设程序方便。

根据以上原则,本节相似模型选择以下几种相似材料:

骨料:经筛分后的普通细粒河砂(粒径小于 3 mm);胶结材料:石膏粉、水泥、碳酸钙;分层材料:云母粉。制作模型前,按不同的配比称量骨料和胶结材料,加水混合搅拌均匀,制成相似材料试件,晾干后测定其力学性质。经反复试验,确定模型材料最终配比,达到力学相似的要求,岩层相似材料如图 7-2 所示。

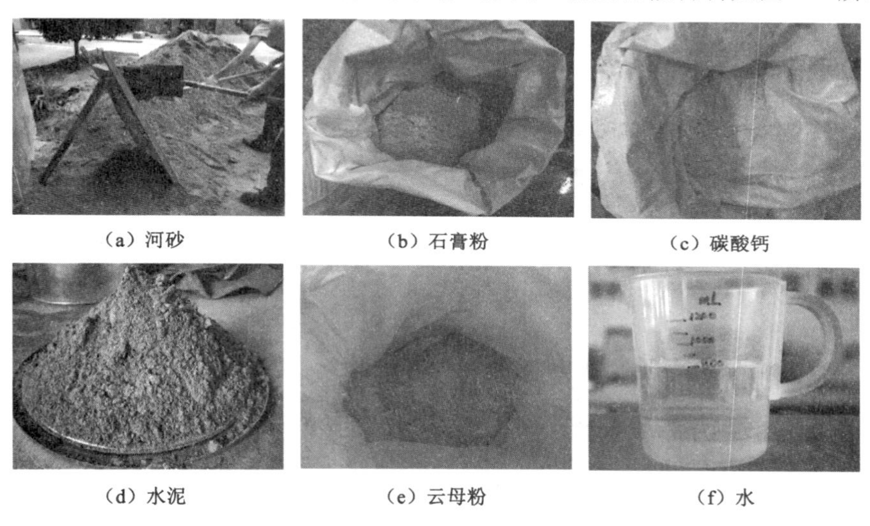

(a) 河砂　(b) 石膏粉　(c) 碳酸钙

(d) 水泥　(e) 云母粉　(f) 水

图 7-2　岩层相似材料

7.1.3　充填体相似材料的选取

选择高密度泡沫、低密度泡沫和海绵材料,进行不同的高度组合,组成 6 种充填体相似材料,如表 7-1 所示。对这 6 种材料分别进行压实力学特性试验,如图 7-3 所示。同时由第 2 章原生矿渣混合料充填体的压实试验曲线,根据力学相似比计算出相似模型所用的充填体材料的应力应变理论值。将理论值与 6 种充填体模型材料的压实曲线对比,如图 7-4 所示。

表 7-1　充填体相似材料组合设计

充填体模型序号	高密度泡沫高度/cm	低密度泡沫高度/cm	海绵高度/cm	高度比(高密度泡沫:低密度泡沫:海绵)
1	7.5	0	3	5:0:2
2	10	0	1	10:0:1

表 7-1(续)

充填体模型序号	高密度泡沫高度/cm	低密度泡沫高度/cm	海绵高度/cm	高度比（高密度泡沫：低密度泡沫：海绵）
3	6.6	2.4	2	33：12：10
4	8	0	2	8：0：2
5	4.25	5	2	17：20：8
6	9	0	2	9：0：2

图 7-3　充填体相似材料压实力学特性试验照片

在几种充填体模型材料中，3 号和 5 号材料为高密度泡沫、低密度泡沫和海绵的组合，其他几种为高密度泡沫和海绵的组合。由几种材料的压实试验曲线可以看出，3 号和 5 号材料在应力不断增大的过程中，应变呈现持续快速增长的趋势，与充填体模型的理论值曲线相差较大。1 号、2 号、4 号和 6 号材料均由高密度泡沫和海绵组成，高度比不同，其应力-应变曲线呈现类似的趋势，应变随应力先快速增大，后缓慢增大，最后再快速增大。其中 6 号材料的

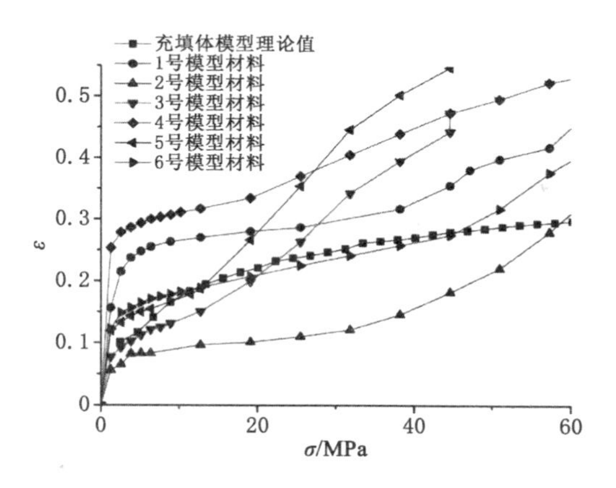

图 7-4　充填体相似材料压实试验曲线

应力-应变曲线与理论曲线最为接近，所以本章最终确定充填体模型材料选用 6 号模型材料。

7.2　相似材料模型的试验设计

7.2.1　地质条件

山西某矿区工作面所采煤层赋存于二叠系山西组地层中，为陆相湖泊型沉积，工作面煤层结构简单，厚度稳定可采，平均煤厚为 3 m，煤层倾角平均 7°，可以近似认为是水平煤层。2＃煤层直接顶板由砂质泥岩、细砂岩组成，2＃煤层直接底板由泥岩组成。煤质为特低灰-低灰、特低硫-中硫、特高热值 1/3 焦煤，为很好的炼焦用煤或炼焦配煤。煤层埋深 125 m，地表有公路、建筑物等，地质柱状图如图 7-5 所示。

7.2.2　相似模型试验方案

为研究充填综采条件下支架-围岩-充填体的相互作用关系，共铺设 3 个平行的相似模型。一方面模拟采高一定、初始充填高度不同的条件下，岩层的移动规律和矿压显现规律；另一方面模拟初始充填高度相同时，支架让压高度不同的条件下，岩层的移动规律和矿压显现规律，方案见表 7-2。模型开采时两边切缝，均不留边界，模拟沿充填综采工作面走向采场中部的变形规律。

岩石名称	岩性描述	岩芯长度/m	采取率/m	深度/m	厚度/m	柱状图
粉砂岩	深灰色，含少量植物化石，见星散状白云母，局部较破碎，断面参差状，斜裂隙	1.10	94	105.30	1.17	
砂质泥岩	深灰色，含植物化石及白云母，夹粉砂岩薄层，断面较平整，小型波状层理，斜裂隙	5.10	90	110.95	5.65	
粉砂岩	深灰色，夹泥岩薄层，含植物化石，断面较平整，强风化，局部较破碎	3.50	88	114.90	3.95	
砂质泥岩	深灰色，含大量植物杆化石，夹粉砂岩薄层，波状层理，垂直裂隙	2.00	90	117.10	2.20	
细粒砂岩	浅灰色，含白云母片，石英为主，长石次之，泥质胶结，局部较破碎，次棱角状，分选中等	1.90	97	119.05	1.95	
泥岩	深灰色，夹少量细砂薄层，见大量植物化石，断面较平整，强风化，斜裂隙	1.10	88	120.30	1.25	
细粒砂岩	浅灰色，石英为主，夹泥岩条带及包裹体，泥质胶结，未风化，交错层理，次棱角状，分选中等，垂直裂隙，偶见斜裂隙	2.05	87	122.65	2.35	
砂质泥岩	深灰色，见植物化石及大量碳屑，断面平整，强风化，与下浮地层直接接触	0.50	100	123.15	0.50	
煤	黑色，块状，碎块状，暗煤为主，亮煤次之，夹泥岩薄层，玻璃光泽	1.50	91	124.80	1.65	
泥岩	深灰色，见植物化石，夹粉砂岩薄层，断面平整，强风化，波状层理，斜裂隙	0.25	100	125.05	0.25	
煤	黑色，块状，碎块状，暗煤为主，亮煤次之，夹泥岩薄层，玻璃光泽	0.55	90	125.66	0.61	
泥岩	深灰色，见植物化石，夹粉砂岩薄层，断面平整，强风化，波状层理，斜裂隙	4.80	89	131.05	5.39	

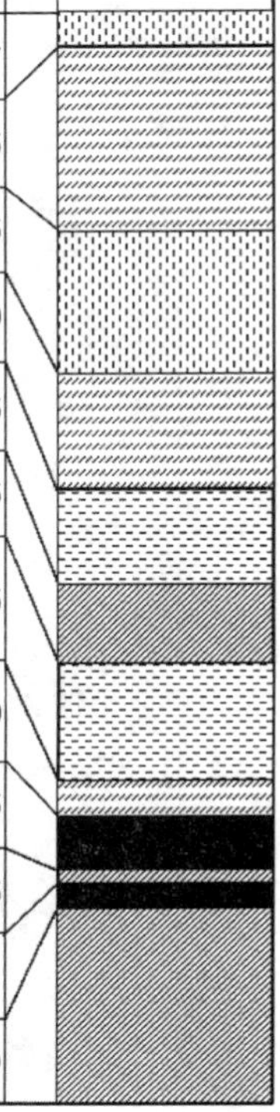

图 7-5　煤岩层柱状图

表 7-2　相似模型试验方案

	采高/m	初始充填高度/m	支架让压高度/m
模型Ⅰ	3.0	1.8	0
模型Ⅱ	3.0	2.7	前半段 0.054，后半段 0
模型Ⅲ	3.0	2.85	0

7.2.3　相似模型参数

三个模型几何相似比均为 $\alpha_l=\dfrac{y_m}{y_p}=\dfrac{z_m}{z_p}=\dfrac{1}{27}$，装架高度 1.015 m，模拟岩层总厚 27.41 m，其中煤层厚为 3 m。模型的容重相似比为 $\alpha_{\gamma 0}=\dfrac{\gamma_m}{\gamma_p}=0.60$，弹性模

量相似系数 $\alpha_E=1/44$，上方加载荷 0.06 MPa，模拟 105 m 的上覆岩层重力。具体配比见表 7-3。

表 7-3　相似模型分层及配比

	模型厚度/m	配比号	分层数	每层厚度/m	每层质量/kg	砂子质量/kg	水泥质量/kg	碳酸钙质量/kg	石膏质量/kg	水质量/kg
粉砂岩	0.043	355	2	0.022	17.333	13.000	0.000	2.167	2.167	1.733
砂质泥岩	0.209	355	6	0.035	27.901	20.926	0.000	3.488	3.488	2.790
粉砂岩	0.146	437	4	0.037	29.259	23.407	0.000	1.756	4.096	2.926
砂质泥岩	0.081	355	2	0.041	32.593	24.444	0.000	4.074	4.074	3.259
细粒砂岩	0.072	975	2	0.036	28.889	26.000	2.022	0.000	0.867	2.889
泥岩	0.046	637	2	0.023	18.519	15.873	0.000	0.794	2.646	1.852
细粒砂岩	0.087	337	3	0.029	23.210	17.407	0.000	1.741	4.062	2.321
砂质泥岩	0.019	355	1	0.019	14.815	11.111	0.000	1.852	1.852	1.481
煤	0.111	773	3	0.037	29.630	25.926	0.000	2.593	1.111	2.963
泥岩	0.120	337	5	0.040	31.941	23.956	0.000	2.396	5.590	3.194

由于三个模型初始充填高度不同，考虑到实际充填开采过程中充填体在充入采空区后就进行推压，使其接顶，所以用压缩海绵的过程来模拟初始的推压过程，使泡沫与海绵的组合高度达到采高，并使其在 10 kPa 的压实力作用下初步压缩后组合高度达到初始充填高度，同时满足 6 号模型材料的高度比，最终选择各材料高度如表 7-4 所示。

表 7-4　各模型充填体材料的泡沫与海绵组合设计

	高密度泡沫高度/cm	海绵高度/cm	初步压缩后组合高度/cm
模型Ⅰ	5.45	5.65	6.67
模型Ⅱ	8.18	2.92	10
模型Ⅲ	8.64	2.46	10.56

模型铺设过程中将压力传感器预埋入模型相应的层位，在顶板内水平层位均匀布置 9 个压力盒，间距 25 cm，序号为①～⑨。模型铺设后布置相应位移测点，从下到上布置 3 排位移测线，竖直高度如图 7-6 所示。模型Ⅰ和模型Ⅲ每排位移测线布置 19 个测点，间距 12.5 cm；由于模型Ⅱ前半段要进行支架让压试

验，与后半段不让压作比较，所以位移测点布置的比模型Ⅰ和模型Ⅲ要密集一些，间距 10 cm。

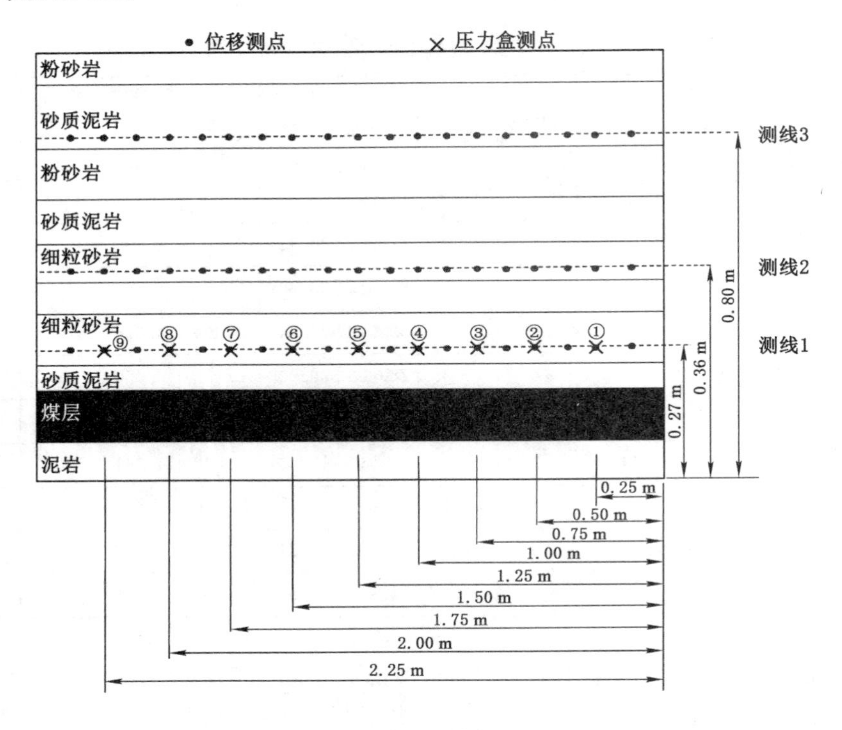

图 7-6　相似模型测点布置示意图

7.2.4　试验过程

首先准备相似试验所需的各种材料和设备，对河砂、石膏、碳酸钙和水泥等材料进行筛分和充分风干，然后进行模型的铺设和试验工作，具体的试验步骤如下：

(1) 根据配比铺设模型。模型铺设过程中将压力传感器预埋入模型相应的层位。

(2) 3 天后拆除钢板，进行模型风干。风干后布置相应位移测点。

(3) 安装数码相机，调试拍照位置，连接电脑，调试拍照程序。连接压力盒与数字高速应变仪，并连接电脑，调试软件。

(4) 模型顶部进行气缸加载，至模型充分稳定。

(5) 自右向左开挖，右边不留边界。首次开挖 25 cm，放入支架模型，按各方案设置支架初撑力与高度。待模型充分稳定后，记录各压力盒数据，拍照并记录照片编号。

(6) 开挖长度 5 cm，拍照并记录照片编号，记录各压力盒数值。

(7) 支架前移 5 cm，后方进行充填，待模型充分稳定后，记录各压力盒数据，拍照并记录照片编号。

(8) 重复步骤(6)～(7)，直至模型全部开采并充填完毕。

7.3　初始充填高度对围岩及充填体变形及应力的影响

7.3.1　初始充填高度对围岩及充填体变形规律的影响

模型Ⅰ的初始充填高度为 6.67 cm，是采高的 60%，记录充填开采过程中围岩及充填体的变形规律和压力盒数据变化规律，并利用 PhotoInfor 图像处理软件对顶板岩层的位移进行追踪分析，根据图像像素点坐标进行计算，输出位移云图和矢量图，如图 7-7 所示。位移云图中的一个像素长度对应实际模型长度 0.457 mm，实际采场长度 0.012 3 m。充填开采过程中煤层上方测线 1 的各测点位移如图 7-8 所示。

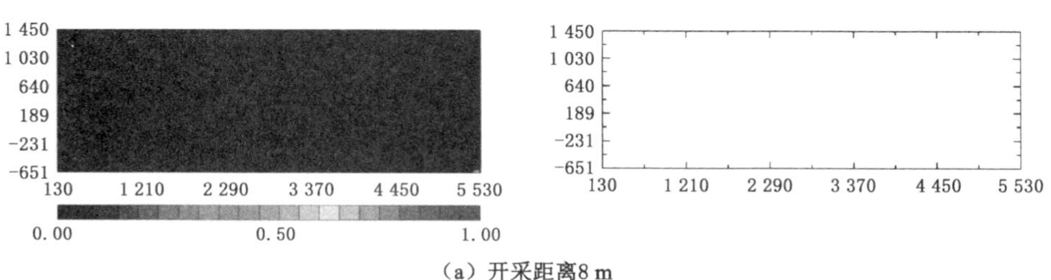

(a) 开采距离8 m

图 7-7　模型Ⅰ充填开采过程及岩层位移变化情况

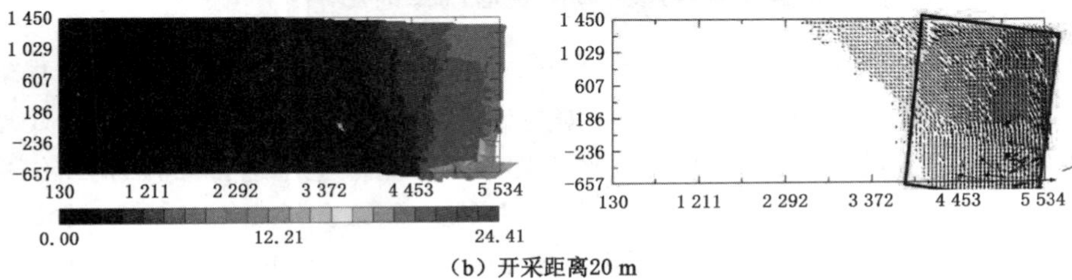

(b) 开采距离20 m

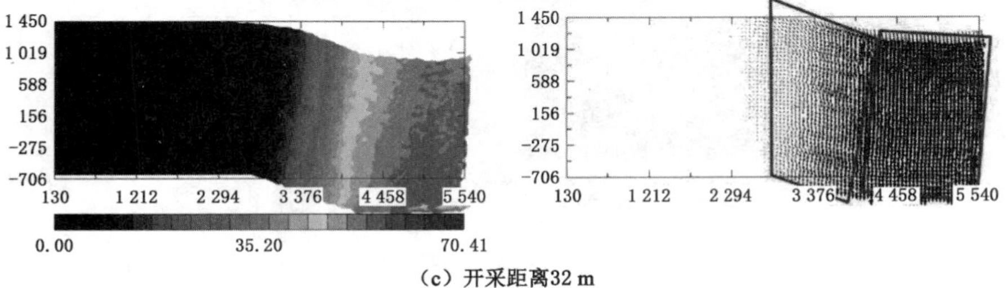

(c) 开采距离32 m

图 7-7(续)

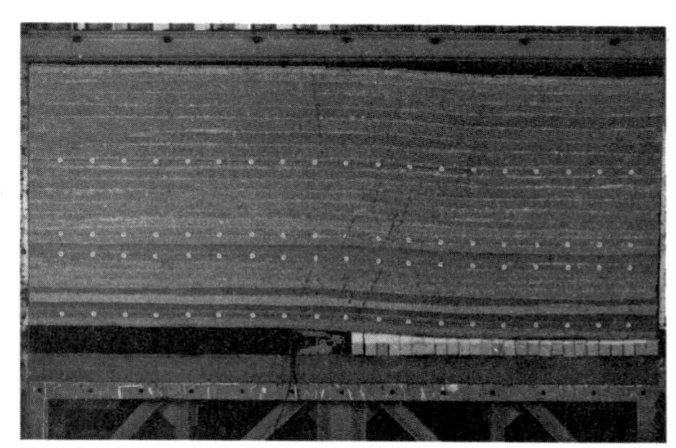

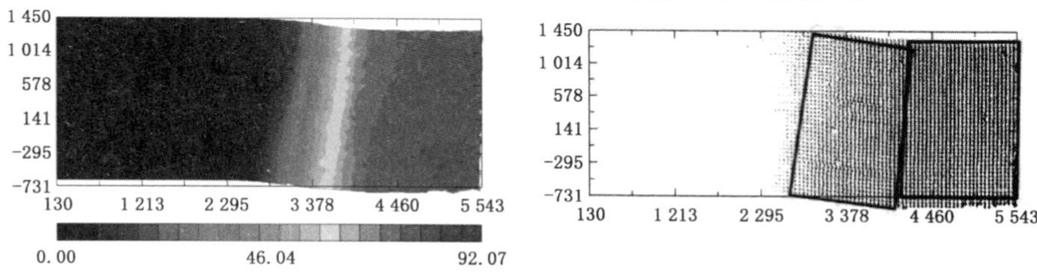

(d) 开采距离40 m

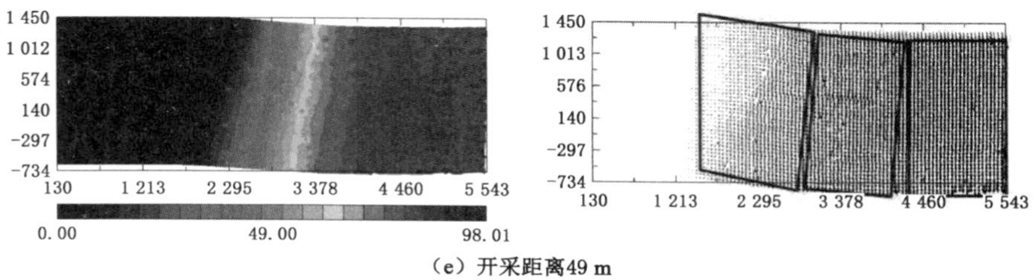

(e) 开采距离49 m

图 7-7(续)

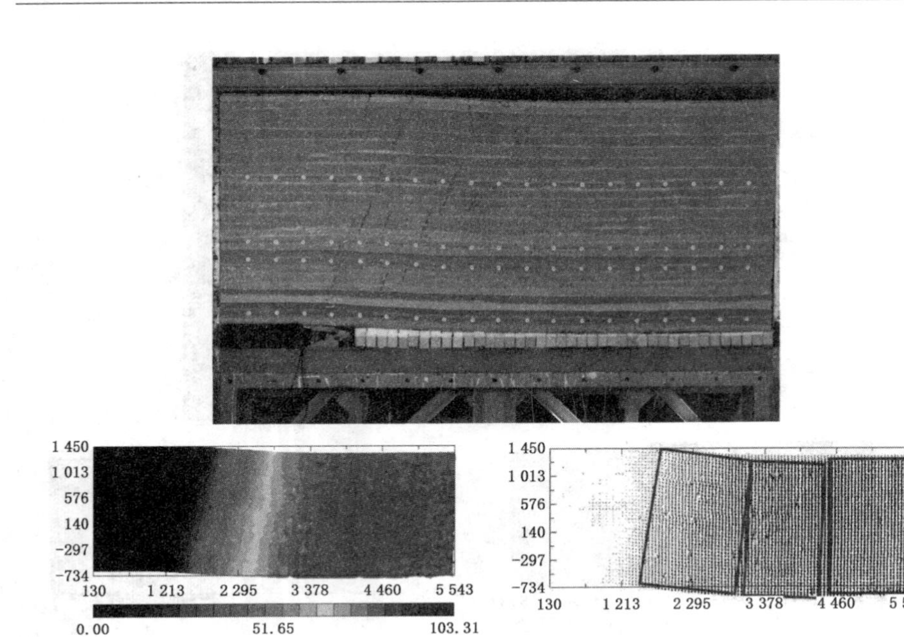

(f) 开采距离57 m

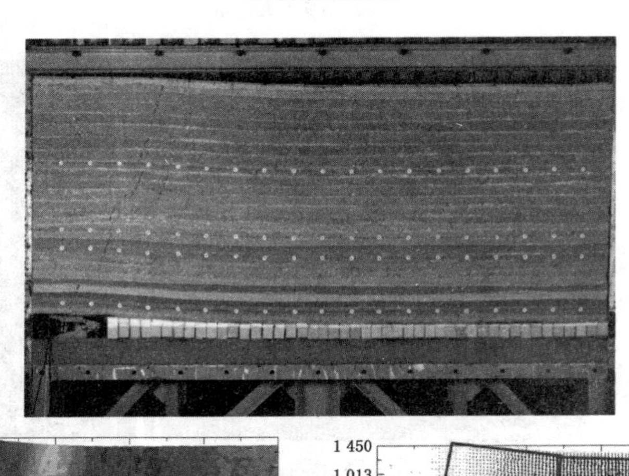

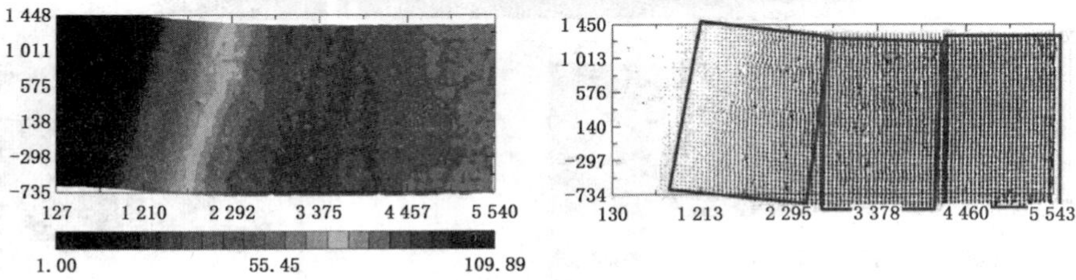

(g) 开采距离65 m

图 7-7(续)

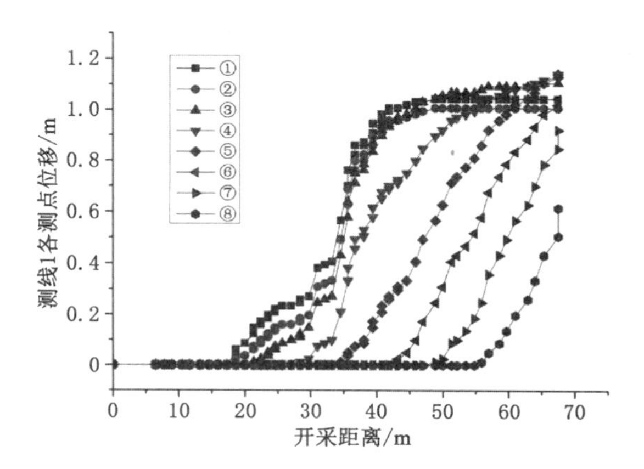

图 7-8　模型Ⅰ充填开采过程中测线 1 各测点位移

由图 7-7 和图 7-8 可以看出，初始充填高度为采高的 60%时（模型Ⅰ），岩层的移动非常明显。开采距离为 8 m 时[图 7-7(a)]，采空区上方顶板开始出现下沉，发生破碎的直接顶上方岩层的最大下沉量为 0.01 m。开采距离为 20 m 时[图 7-7(b)]，采空区上方顶板开始出现较为明显的下沉，最大下沉量为 0.30 m，顶板岩层开始出现不连续的裂纹，并出现第一个较为完整的回转区域；煤层上方测线 1 的测点①和测点②的位移也开始明显增大（图 7-8）。开采距离为 32 m 时[图 7-7(c)]，第一个回转区域继续下沉，并逐渐转到水平方向，前方开始出现细小的裂纹，并出现第二个回转区域；煤层上方测线 1 的测点①、测点②和测点③的位移出现阶跃式增大（图 7-8），最大下沉量为 0.87 m。

开采距离为 40 m 时[图 7-7(d)]，第二个回转区域基本形成并发生回转，顶板出现较多的裂纹，煤层上方测线 1 的测点①、测点②、测点③的位移增大速度变缓，测点④和测点⑤的位移以较大速度增加（图 7-8），最大下沉量为 1.14 m。开采距离为 49 m 时[图 7-7(e)]，第一个回转区域上方顶板的裂纹逐渐闭合，工作面上方顶板开始产生细小裂纹，出现第三个回转区域，测点①、测点②、测点③的位移基本趋于稳定，测点④的位移增大速度变缓，最大下沉量为 1.21 m。

开采距离为 57 m 时[图 7-7(f)]，第三个回转区域基本形成，顶板出现较多的裂纹，同时，前两个区域持续下沉，第二个区域也逐渐转向水平方向；测点④的位移基本趋于稳定，测点⑤的位移增加速度变缓（图 7-8），最大下沉量为 1.27 m。开采距离为 65 m 时[图 7-7(g)]，第三个区域发生回转，前两个区域的裂纹基本闭合，测点⑥至测点⑧的位移继续快速增加，最大下沉量为 1.36 m。

整体上看，初始充填高度为采高的60%时，顶板下沉明显，开采过程中顶板的运动与传统的垮落法类似，发生周期性断裂，并形成砌体梁结构。充填体在工作面推进过程中逐渐被压实，顶板的每一个回转区域在回转过程中，逐渐接触充填体，并对充填体进行初步的压实。完成回转后，水平下沉阶段对充填体进行充分的压实，此时充填体才能起到支撑顶板和控制顶板下沉的作用。由测点位移变化情况也可以看出，工作面推过测点后，顶板岩层先迅速下沉，充填 20～30 m 后，才逐渐变为缓慢下沉，直至稳定。顶板的最终稳定下沉量 1.36 m 与 5.2.3 节中 h_g=1.8 m(采高的 60%)时，充填区顶板最终的稳定下沉量的理论计算值 1.38 m 也符合得很好。

模型Ⅱ的初始充填高度为 10 cm，是采高的 90%，同时设置前半段(右侧 1.25 m)的支架进行让压，支撑高度为 9.8 cm，让压高度 0.2 cm，后半段(左侧 1.25 m)与模型Ⅰ一样，支架不让压，支撑高度为 10 cm。记录充填开采过程中围岩及充填体的变形规律，并对煤层上方的岩层位移追踪分析，根据图像像素点坐标进行计算，输出位移矢量云图，如图 7-9 所示。位移云图中的一个像素长度对应实际模型长度 0.46 mm，实际采场长度 0.012 4 m。充填开采过程中煤层上方测线 1 的各测点位移如图 7-10 所示。

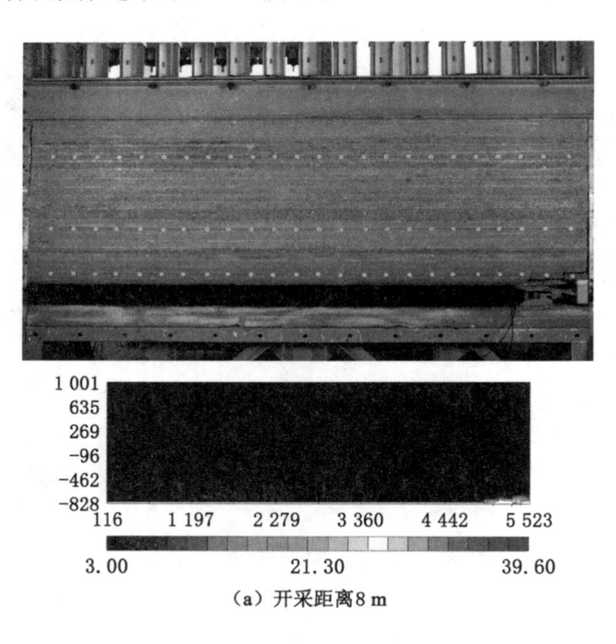

(a) 开采距离8 m

图 7-9 模型Ⅱ充填开采过程及岩层位移变化情况

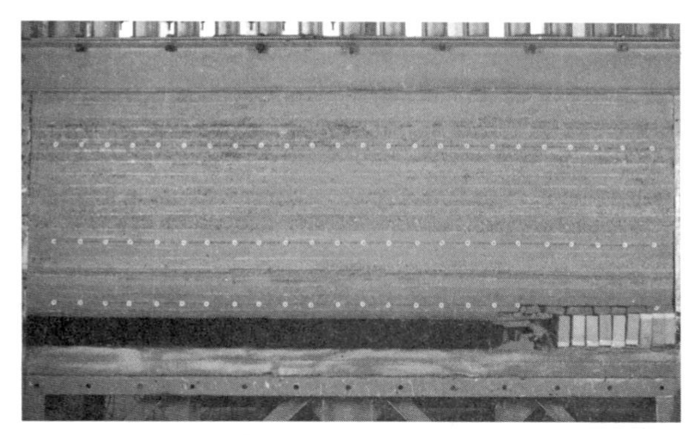

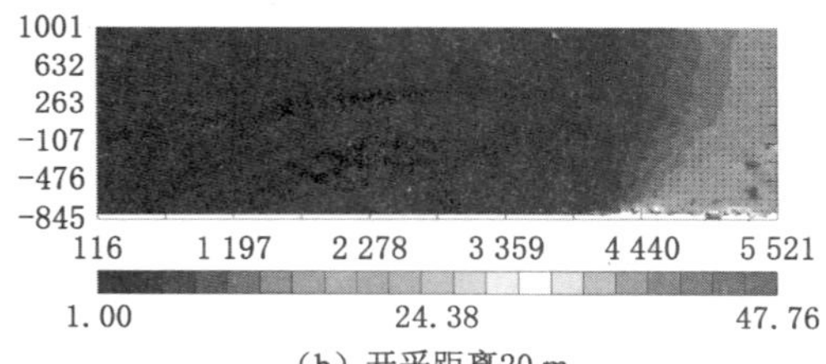

(b) 开采距离20 m

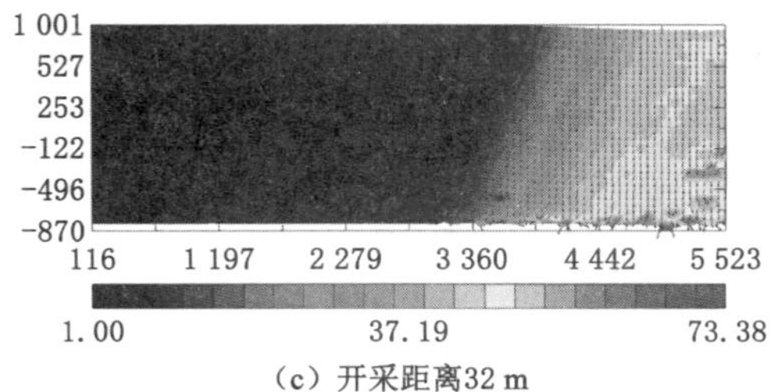

(c) 开采距离32 m

图 7-9(续)

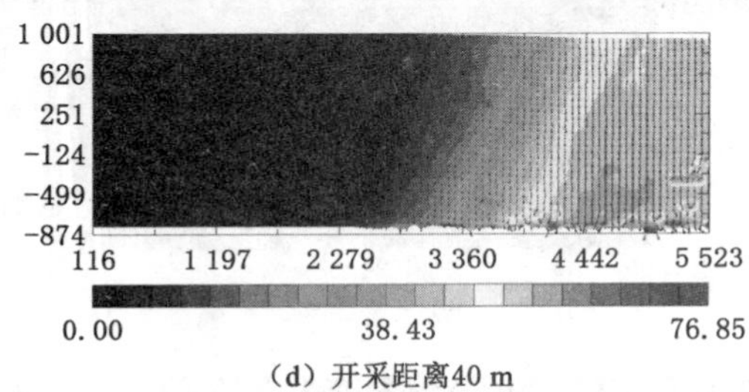

（d）开采距离40 m

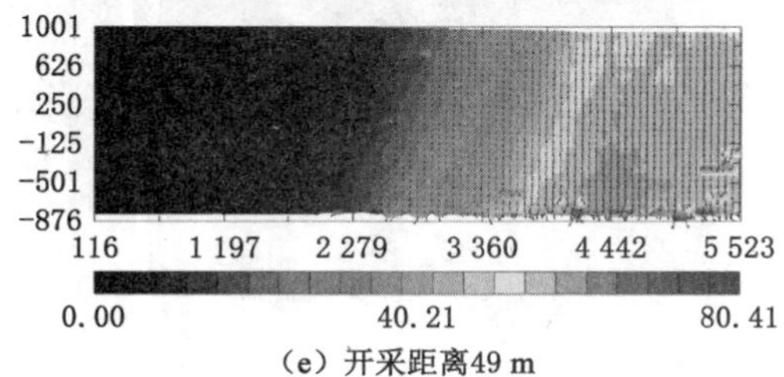

（e）开采距离49 m

图 7-9(续)

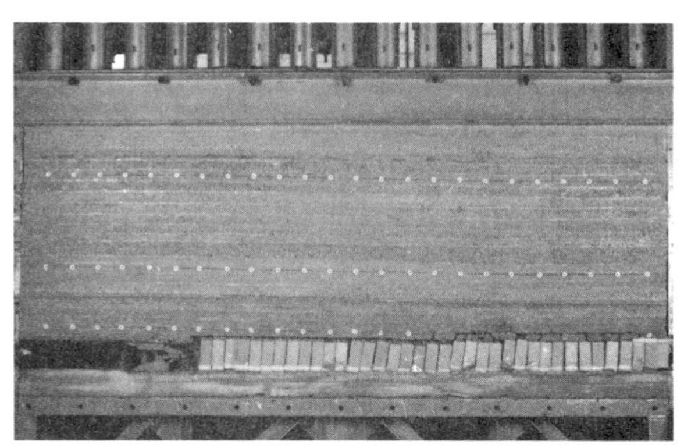

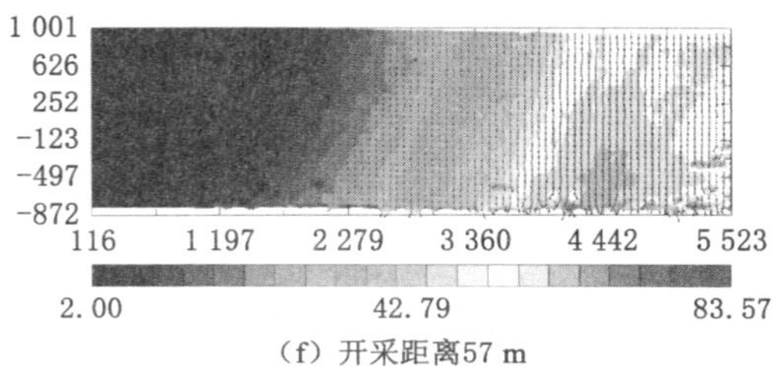

（f）开采距离57 m

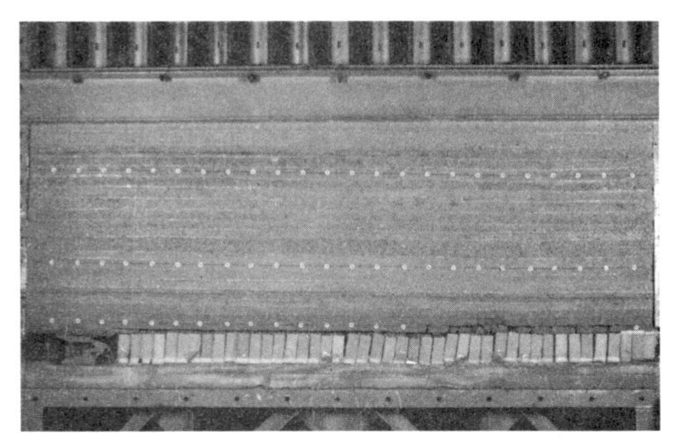

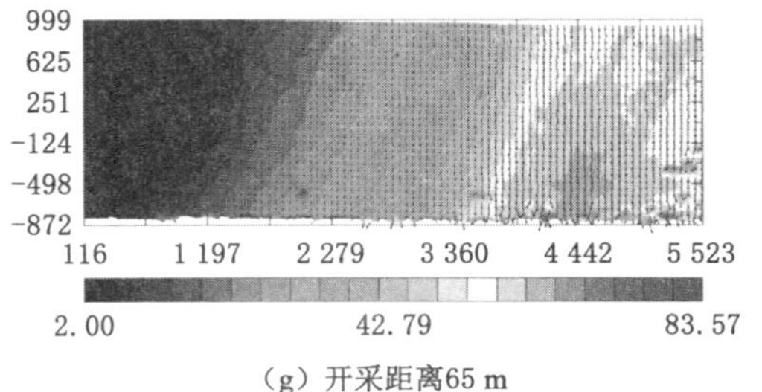

（g）开采距离65 m

图 7-9(续)

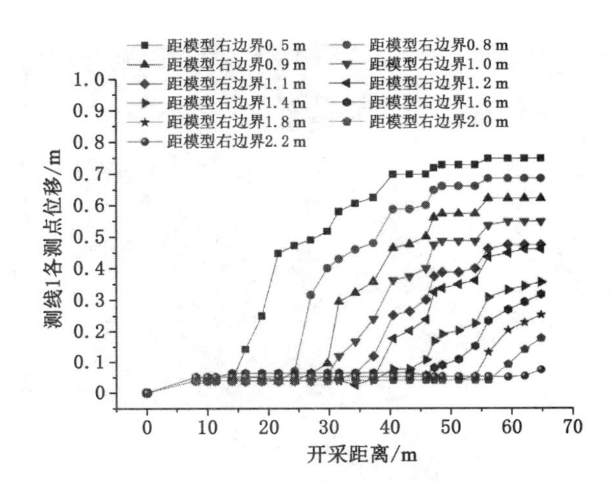

图 7-10　模型Ⅱ充填开采过程中测线 1 各测点位移

由图 7-9 和图 7-10 可以看出，初始充填高度为采高的 90%时(模型Ⅱ)，岩层的整体下沉和岩层移动程度均较小。由于前半段设置了支架让压高度 0.2 cm，所以在开采距离 1.5 m 之前，直接顶、顶板都出现了不同程度的破碎和断裂，下沉也主要出现在直接顶区域[图 7-9(a)～图 7-9(c)]；煤层上方测线 1 的测点中，距模型右边界 0.5 m、0.8 m 和 0.9 m 的测点位移也从一开始就快速增大(图 7-10)。

后半段没有设置支架让压高度，与模型Ⅰ类似，可以相互对比。开采距离为 40 m 时，模型Ⅰ已出现两个明显的回转区域[图 7-7(d)]，顶板的最大下沉量为 1.14 m，顶板可能已经发生了断裂。而模型Ⅱ的顶板岩层未观察到明显贯通的裂隙，只有细小、不连续的裂隙出现，整体发生较小的下沉[图 7-9(d)]，除去破碎直接顶上方的大位移区域外，最大下沉量为 0.74 m；煤层上方测线 1 的测点中，距模型右边界 0.5 m、0.8 m、0.9 m 和 1.0 m 的测点位移出现阶跃式增大(图 7-10)。开采距离为 49 m 时，模型Ⅰ的前两个区域发生大幅下沉，并开始出现第三个回转区域[图 7-7(e)]，最大下沉量为 1.21 m；而模型Ⅱ的顶板岩层出现个别细小的裂纹和较小的弯曲，下沉也较小[图 7-9(e)]，除去破碎直接顶上方的大位移区域外，最大下沉量为 0.81 m；煤层上方测线 1 的各测点位移再次出现阶跃式增大(图 7-10)。

开采距离为 57 m 时，模型Ⅰ的第三个回转区域已基本形成[图 7-7(f)]，前两个区域的顶板已充分下沉，充填体被压实，最大下沉量为 1.27 m；模型Ⅱ的顶板岩层移动变化则仅仅表现为区域的前移，仍无明显裂纹出现，后方顶板下沉基本趋于稳定[图 7-9(f)]，除去破碎直接顶上方的大位移区域外，最大下沉量为

0.87 m;煤层上方测线1的各测点位移出现第三次阶跃式增大(图7-10)。开采距离为65 m时,模型Ⅰ的第三个回转区域也发生回转[图7-7(g)],后方充填体被充分压实,最大下沉量为1.36 m;模型Ⅱ的顶板岩层移动区域继续前移,始终无明显裂纹出现,后方顶板下沉趋于稳定[图7-9(g)],除去破碎直接顶上方的大位移区域外,最大下沉量仍为0.87 m;煤层上方测线1的各测点位移基本趋于稳定(图7-10)。

可见,初始充填高度为采高的90%时,顶板岩层的移动明显减弱,虽然顶板的位移仍表现为几个阶段性的增大,但已不出现顶板周期性断裂的现象,仅表现为弯曲下沉。充填体被压实后能很快起到支撑顶板和控制顶板下沉的作用,有效防止地表沉陷。顶板的最终稳定下沉量0.87 m与图5-5中h_g=2.7 m(采高的90%)时,充填区顶板最终的稳定下沉量的理论计算值0.57 m相比,差异较大,这主要是因为模型Ⅱ的前半段采取了支架让压设计。图7-10给出开采距离65 m时,模型Ⅱ的直接顶各测点下沉量。可以看出,如果观察后半段(开采距离35 m之后),顶板的最大下沉量为0.6 m左右,与图5-5的理论计算值0.57 m仍然比较接近。

模型Ⅲ的初始充填高度为10.56 cm,是采高的95%,记录充填开采过程中围岩及充填体的变形规律,并对煤层上方的岩层位移追踪分析,根据图像像素点坐标进行计算,输出位移矢量云图,如图7-11所示。位移云图中的一个像素长度对应实际模型长度0.46 mm,实际采场长度0.012 4 m。充填开采过程中煤层上方测线1的各测点位移如图7-12所示。

由图7-11和图7-12可以看出,初始充填高度为采高的95%时(模型Ⅲ),岩层的整体下沉比模型Ⅱ还小。在整个充填开采过程中,未看到顶板岩层的明显弯曲,仅出现小幅度下沉,开采距离为20 m时[图7-11(b)],最大下沉量仅为0.14 m;开采距离为40 m时[图7-11(d)],最大下沉量仅为0.39 m;开采距离为65 m时[图7-11(g)],最大下沉量仅为0.47 m,与5.2.3节中h_g=2.85 m(采高的95%)时,充填区顶板最终的稳定下沉量的理论计算值0.44 m相比也非常接近。煤层上方的测线1各测点位移也没有明显表现出阶段性的增大,只是在工作面推过测点后,持续稳步增大,并在充填20 m左右后达到稳定值(图7-12)。这说明,初始充填高度为采高的95%时,充填体能够及时起到代替煤层支撑顶板的作用,对顶板岩梁的下沉和运移起到很好的控制作用。

综上可见,初始充填高度对充填开采上覆岩层的移动和下沉影响显著。将全部充填开采结束后三个模型的测线1上各测点的最终下沉量记录下来,进行比较,如图7-13(a)所示。可以看出,随着远离工作面距离的增加,即充填长度的增加,各模型顶板的最终下沉量均呈现先迅速增大、后逐渐趋于稳定的变化趋

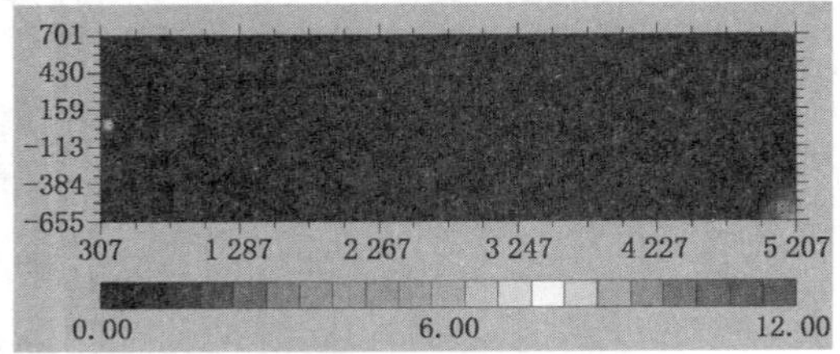

（a）开采距离8 m

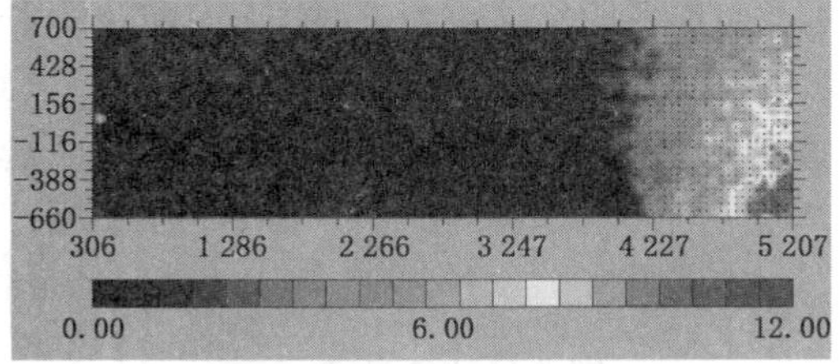

（b）开采距离20 m

图 7-11　模型Ⅲ充填开采过程及岩层位移变化情况

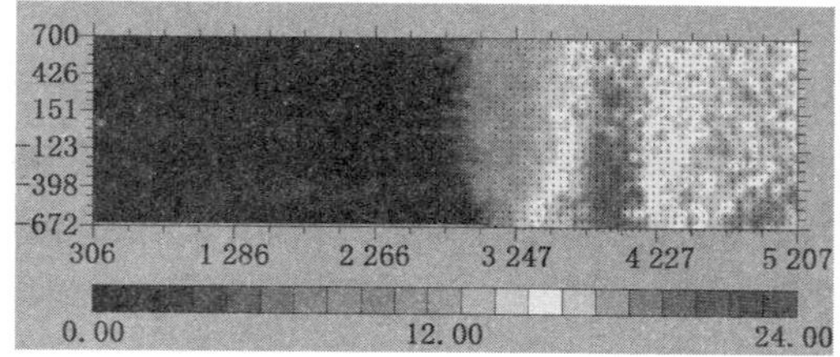

（c）开采距离32 m

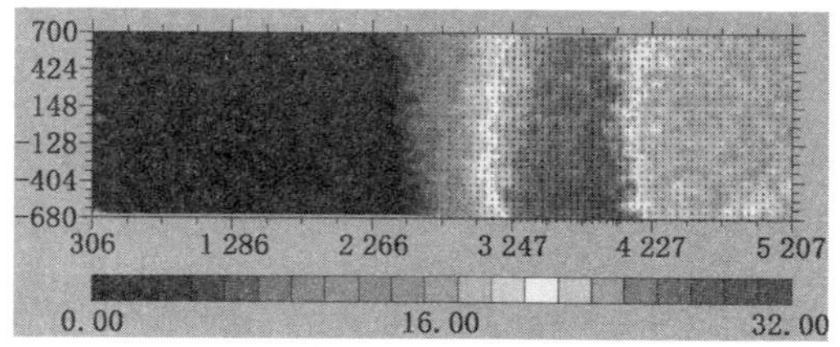

（d）开采距离40 m

图 7-11(续)

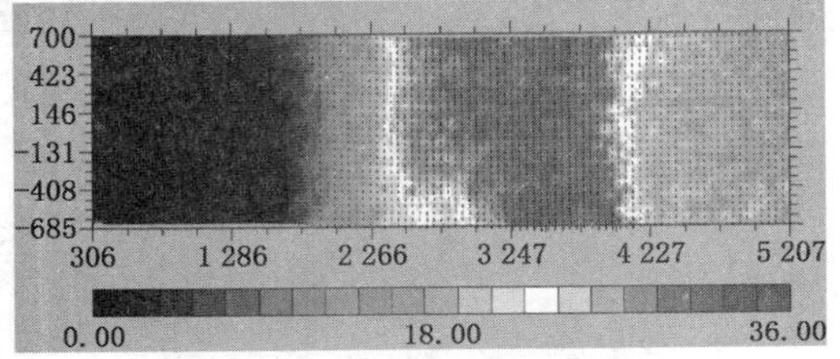

(e) 开采距离49 m

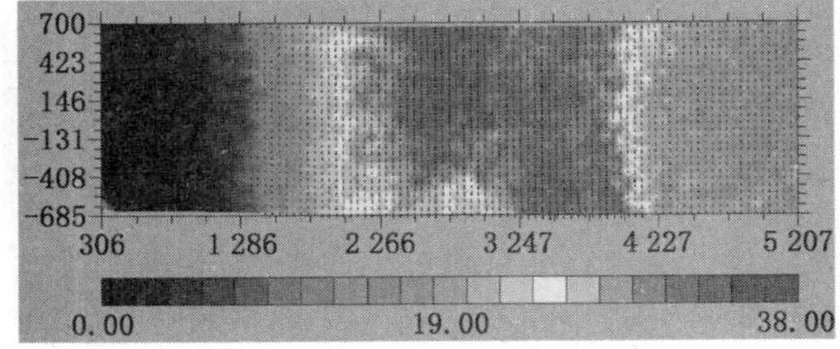

(f) 开采距离57 m

图 7-11(续)

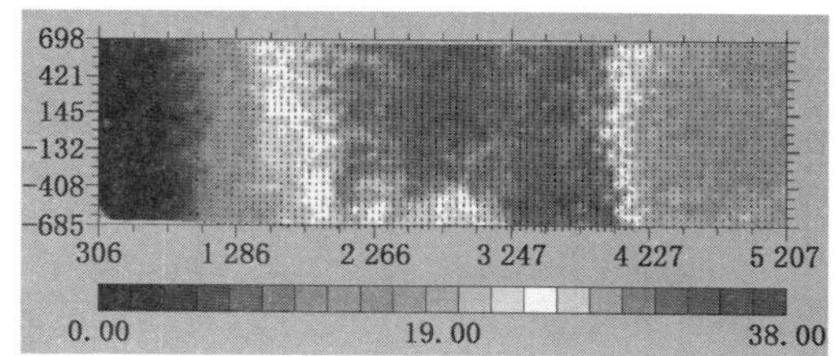

(g) 开采距离65 m

图 7-11(续)

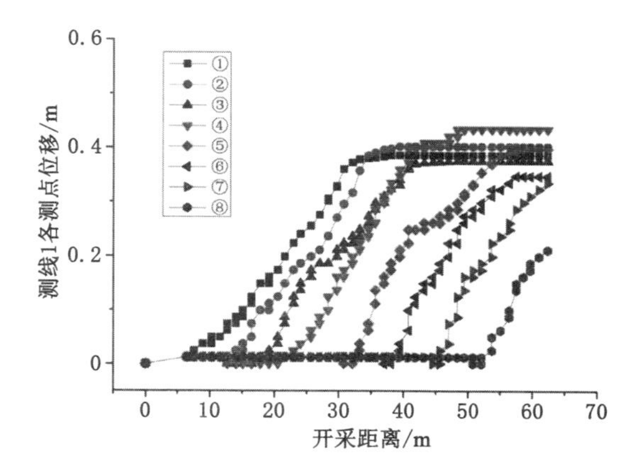

图 7-12　模型Ⅲ充填开采过程中测线 1 各测点位移

势。模型Ⅰ的最终稳定下沉量最大，达 1.1 m 左右；模型Ⅱ的最终稳定下沉量在 0.8 m 左右；模型Ⅲ的最终稳定下沉量最小，为 0.4 m 左右。顶板达到稳定下沉量所对应的充填距离也随初始充填高度的增加而减小。模型Ⅰ中，充填 30

m 之后,顶板下沉量逐渐趋于稳定;而模型Ⅲ中,充填 20 m 之后,顶板下沉就趋于稳定。模型Ⅱ由于前半段设置了支架让压,顶板破碎严重,所以最终下沉量较大,达到稳定下沉所需的充填距离也较长。

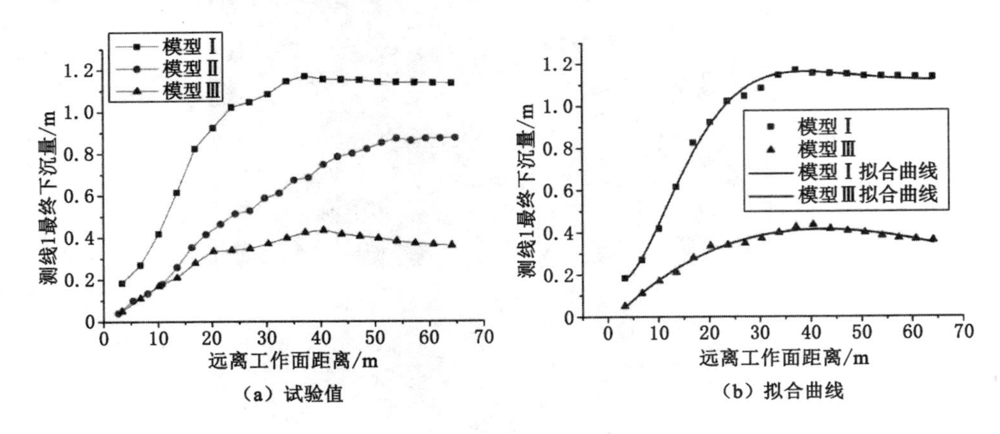

图 7-13　各模型测线 1 最终下沉量

将模型Ⅰ和模型Ⅲ的顶板测线 1 最终下沉量曲线进行函数拟合,如图 7-13(b)所示。拟合函数为:

模型Ⅰ:

$$y = e^{-0.086x}[-1.340\sin(0.086x) - 0.912\cos(0.086x)] + 1.119 \quad (7\text{-}1)$$

模型Ⅱ:

$$y = e^{-0.015x}[2.021\sin(0.015x) + 0.326\cos(0.015x)] - 0.362 \quad (7\text{-}2)$$

拟合函数的形式与第 5 章理论部分计算式(5-10)的形式相同,拟合的相关系数分别为 0.996 和 0.985,拟合效果良好。这说明相似模拟试验结果与顶板下沉规律的理论计算规律相符。

7.3.2　初始充填高度对围岩应力的影响

压力盒测点位置与工作面推进距离的对照见表 7-5,压力盒编号为①～⑨,从右向左排列。图 7-14 为各模型直接顶①～④号压力盒数据经换算得到的原型直接顶各点垂直应力数据。

表 7-5　压力盒测点位置与工作面推进距离的对照

测点	①	②	③	④	⑤	⑥	⑦	⑧	⑨
工作面推进距离/m	6.75	13.5	20.25	27	33.75	40.5	47.25	54	60.75

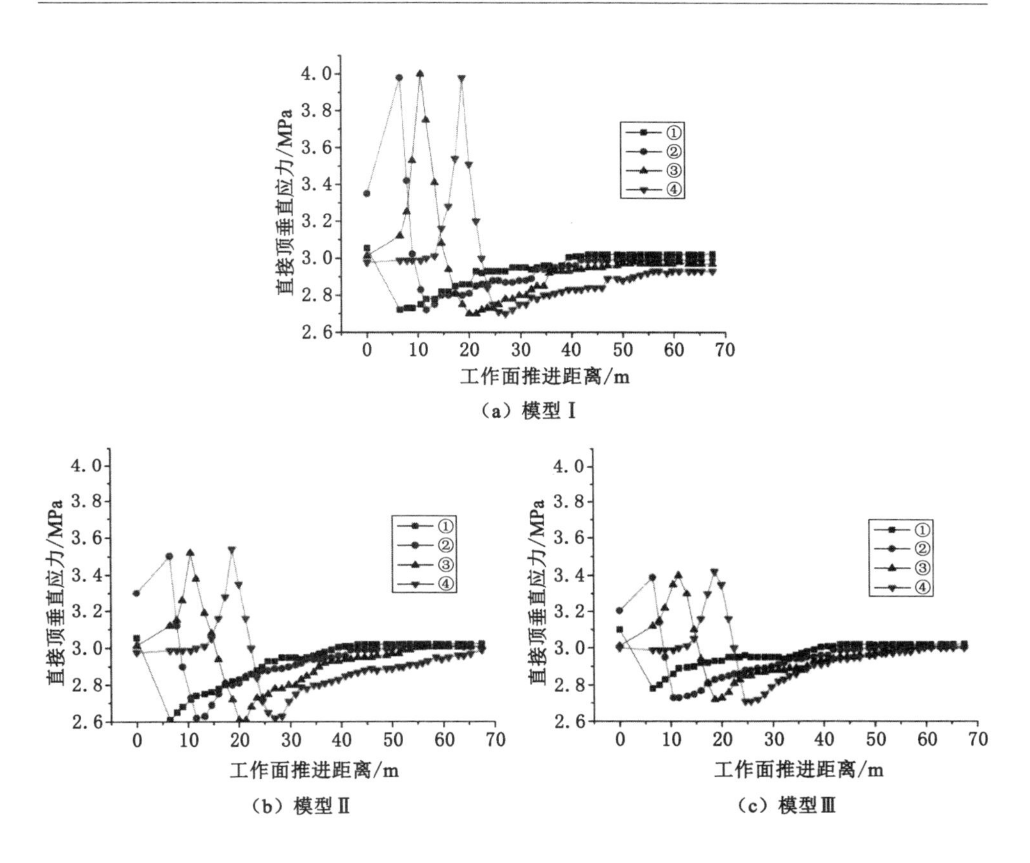

图 7-14　各模型直接顶①～④号压力盒测点应力变化

由图 7-14 可以看出，初始充填高度对直接顶应力变化有一定的影响。

首先，在充填开采的工作面推进过程中，工作面前方均出现了不同程度的超前应力集中。初始充填高度为采高的 60%时(模型Ⅰ)，超前应力峰值达到 4.0 MPa 左右，影响距离也在 40 m 左右，其分布规律与垮落法开采类似。初始充填高度为采高的 90%时(模型Ⅱ)，超前应力峰值降低到 3.5 MPa 左右，影响距离也缩短为 35 m 左右。初始充填高度为采高的 95%时(模型Ⅲ)，超前应力峰值继续降低到 3.4 MPa 左右，影响距离也继续缩短为 25 m 左右。可见，初始充填高度越大，顶板会越快地接触到充填体，断裂破碎的可能性均减小，工作面前方的应变能积累也越小，从而有效防止能量积聚所带来的动力学灾害。

其次，当工作面推过测点时，顶板应力会迅速降低，之后又逐渐升高。初始充填高度为采高的 60%时(模型Ⅰ)，在顶板应力回升过程中，可以看到较为明显的阶段性增大，这与试验过程中工作面每次向前推进 20 m 左右，顶板出现较多裂纹相对应，应力表现为类似于垮落法开采条件下的周期来压。初始充填高度较大时（模型Ⅱ和模型Ⅲ），顶板应力回升过程中，未看到较为明显的阶段性增大，说明顶板不会产生周期性破断，也没有明显的周期来压。

7.4 支架让压高度对围岩及充填体变形及应力的影响

7.4.1 支架让压高度对围岩及充填体变形规律的影响

在模型Ⅱ中进行了支架让压高度的对比试验。前半段设置了支架让压高度 0.2 cm，相当于实际工作过程中，支架让压 5.4 cm，后半段不设置支架让压高度。跟踪观察充填开采过程中不同位置直接顶顶板的破碎情况，如图 7-15 和图 7-16 所示。

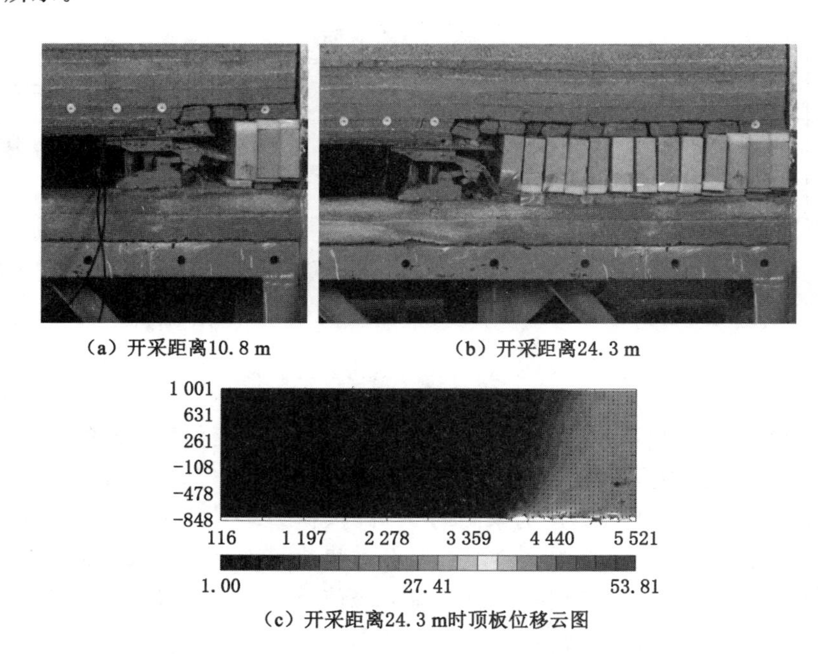

图 7-15 模型Ⅱ充填开采过程前半段顶板岩层破碎情况及位移云图

由图 7-15 可以看出，在前半段，支架进行让压时，顶梁与顶板岩层间出现微小缝隙，顶板得不到支撑，会在上覆岩层作用下迅速下沉和破碎，如果不能及时接触到支架顶梁或充填体，就会垮落。实际试验过程中，出现了直接顶破碎、垮落的现象。从位移云图中可以看出，直接顶的位移明显大于其他部分，支架上方

（a）开采距离37 m

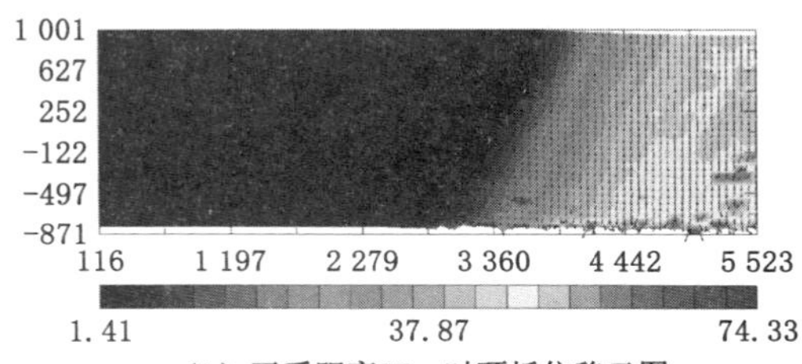

（b）开采距离37 m时顶板位移云图

（c）开采距离62 m

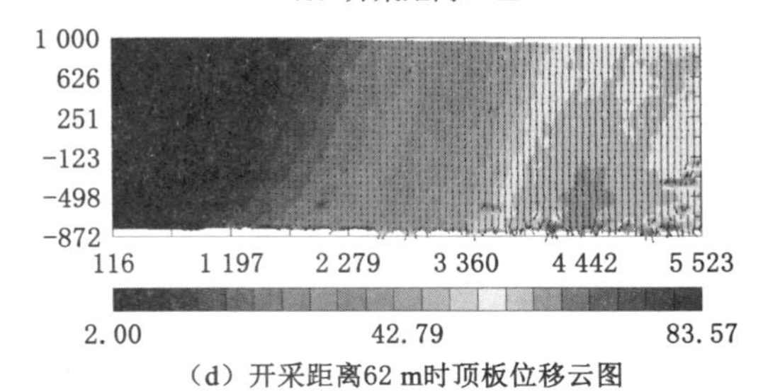

（d）开采距离62 m时顶板位移云图

图 7-16　模型Ⅱ充填开采过程后半段顶板岩层破碎情况及位移云图

直接顶的位移也很大[图 7-15(c)]，上方顶板也出现了明显的弯曲下沉。而后半段不设置支架让压高度，每次移架后都将支架上升至采高，如图 7-16 所示，发现支架很好地维护了直接顶的完整性，顶板几乎没有大块断裂和破碎的现象出现，垮落的岩土也明显减少，能够保证充足的充填空间。从位移云图中可以看出，直接顶的位移仍大于其他部分，但是位移量很均匀，并且明显比前半段位移量小。支架上方直接顶的位移量也很小[图 7-16(c)和图 7-16(d)]。可见，液压支架对充填开采过程中直接顶的完整性维护起到重要的控制作用。

7.4.2 支架让压高度对围岩应力的影响

由于在模型Ⅱ前半段设置了支架让压高度，后半段未设置支架让压高度，所以直接顶的破碎情况有所不同。同样，直接顶的应力变化情况也受到支架让压高度的影响。在模型中，①～⑤号压力盒测点在前半段，⑥～⑨号压力盒测点在后半段。将工作面推进过程中各压力盒数据记录下来，经换算，可得直接顶各测点垂直应力数据，如图 7-17 所示。

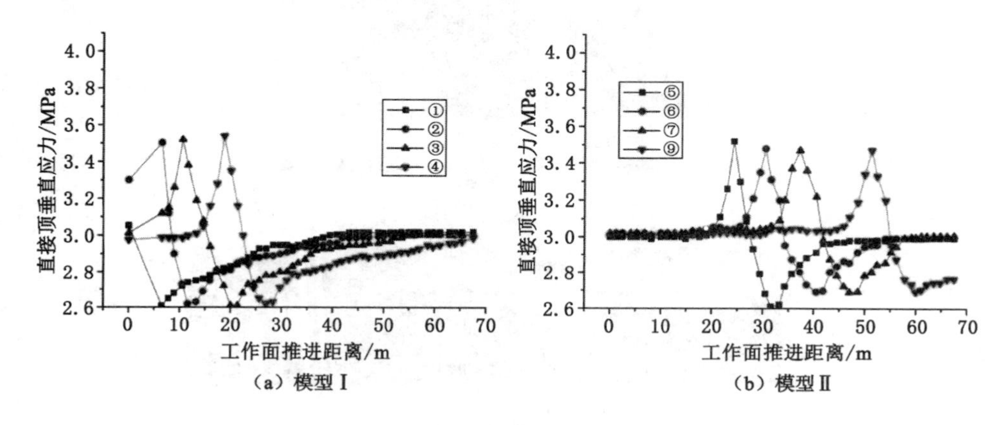

图 7-17 模型Ⅱ直接顶各压力盒测点的应力变化

可以看出，各测点应力变化规律基本类似。但是在工作面推过测点所在位置时，⑥～⑨号压力盒的应力最低值比①～⑤号压力盒的应力最低值要大一些，这也是支架的让压造成的。前半段进行了支架让压，工作面推过测点时，直接顶破碎较严重，应力也会迅速降低；后半段未进行支架让压，直接顶较完整，始终与支架或充填体接触，所以应力最低值也较大。另外，前半段的超前应力峰值也比后半段大一些，这也是缺少支架的支撑造成的。可见，工作面推进过程中，进行支架让压操作时也应适度，让压能避免压架事故，但同时也会带来顶板破碎、超前应力增大，矿压波动大等负面影响。

7.5 本章小结

本章在相似材料模拟理论和矸石充填体压实试验结果的基础上，建立了相似模拟试验模型，通过对不同初始充填高度和支架让压高度条件下，上覆岩层的移动变形规律及顶板应力变化规律的对比分析，得出以下主要结论：

(1) 用高密度泡沫与海绵的组合体模拟矸石充填体，对各种组合体进行力学压缩试验，并与原生矸石充填体压缩试验对比，最终通过两者的高度比确定不同的初始充填高度条件下的充填体模型。

(2) 在相似模型中放入液压支架模型，并通过设置不同的让压高度对模型进行对比分析。初始充填高度为采高的60%时，上覆岩层在充填开采过程中出现了较为明显的裂隙和周期来压，岩层移动特征与传统的垮落法开采类似，但上覆岩层整体性结构没有破坏，仅出现裂隙带和弯曲下沉带，最大下沉量也与第5章中相应部分的理论计算值相吻合。初始充填高度为采高的90%和95%时，上覆岩层均未出现明显的裂隙和周期来压，仅出现弯曲下沉带，最大下沉量也与第5章中相应部分的理论计算值符合得较好。几种充填高度条件下，顶板的最终下沉量随远离工作面距离的变化关系符合第5章理论部分计算的函数关系，拟合效果良好。

(3) 支架让压高度的设置对上覆岩层的整体移动影响不大，但是对直接顶破碎和超前应力的变化有一定的影响。进行让压时，直接顶悬顶距离变长，容易破碎和垮落。同时，超前应力会更加集中，顶板应力变化幅度也会变大。

第 8 章　工程实践验证

平煤十二矿井田内地面建筑物密集，有电厂和村庄等，建筑物下压煤问题十分突出。同时，年产矸石占产煤量的 30%左右，占地面积大，环境污染严重。为解放建筑物下压煤，提高煤炭资源的回采率，同时确保地面村庄的安全，减少矸石对环境的污染，矿井采用固体密实充填采煤技术。本节主要根据平煤十二矿的现场地质条件，结合理论计算和数值分析结果对现场实测数据进行对比分析，验证研究结果的可靠性。

8.1　现场地质条件

试验区域为东高皇保护煤柱，东邻己三采区两条下山，南邻己四采区，西邻己六采区轨道下山和斜井。13080 工作面位于己六采区轨道下山东侧，工作面长度为 100 m，推进长度为 350 m，平均采高为 3.3 m，平均埋深为 360 m。工作面对应地表为东高皇村，建筑物为砖混结构。开采区域煤层直接顶为页岩，厚度为 5.3 m；基本顶为砂岩，厚度为 31.5 m；底板以砂质泥岩为主，其厚度为 15.9 m。煤岩层及顶底板地质状况如图 8-1 所示[103]。

岩石名称	柱状图	厚度/m	埋深/m	岩性描述
砂岩		31.5	350.5	灰色，含细粒、中粒及粉砂岩
页岩		5.3	355.8	浅灰色页岩，包含石英、长石等
己$_{15}$煤层		5.3	359.1	己$_{15}$煤层
泥岩		15.9	375	灰色，主要为砂质泥岩

图 8-1　矿区煤岩层及顶底板地质柱状图

13080 充填采煤工作面生产系统主要包括运料、运煤、矸石运输系统等，使用型号为 ZZC8800/20/38 型六柱支撑式充填液压支架，在掩护前方工作面采煤作业的同时，保证后方充填工作面充填作业，控顶距在 8.0 m 左右，支护强度为

0.72 MPa，后部夯实板夯实强度为 2 MPa。充填作业中基本能实现接顶充填，初始充填高度在采高的 95%以上。

8.2　顶板下沉量实测分析

8.2.1　顶板下沉量理论计算结果

根据 13080 充填采煤工作面的地质条件，结合第 5 章得到的顶板岩层下沉位移计算式(5-10)及第 2 章的原生矿渣混合料(S1)的压实力学特性，取初始充填高度为 3.234 m，可得充填区顶板下沉量为：

$$y_3(x) = 0.4031 + e^{-0.0191x}[-0.3819\cos(0.0191x) - 0.2407\sin(0.0191x)] \tag{8-1}$$

式中，x 为顶板岩梁的位置坐标。根据第 5 章的设定，$x=0$ 为煤壁位置，$x=8$ m 为支架后方控顶距位置，$x>8$ m 的区域为充填区。$y_3(x)$为位置 x 处顶板岩梁的下沉量。根据式(8-1)做出曲线，如图 8-2 所示。

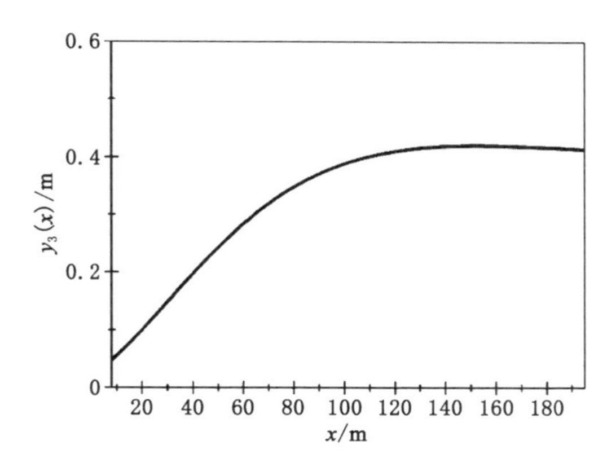

图 8-2　顶板下沉量理论计算曲线

由图中可以看出，在 $x=8$ m 至 $x=80$ m(即充填区长度 72 m)范围内，顶板岩梁的下沉量随 x 的增大而快速增大，说明工作面后方充填区域顶板的下沉运动主要发生在这个范围内，充填体从刚被充入采空区，较为松散的状态，到逐渐被下沉的顶板压实。在 $x=80$ m 至 $x=100$ m(即充填区长度 72～92 m)范围内，顶板岩梁的下沉量的增大明显减慢，说明充填体在这个区域逐渐起到支撑顶板的作用。$x>100$ m(即充填区长度>92 m)以后，顶板下沉量基本趋于稳定，说明充填体已成为支撑顶板的主体。顶板下沉达到稳定的区域时，顶板岩梁的下沉量为 0.40 m 左右。

8.2.2 顶板下沉量的实测结果

选择位于工作面中部、距离切眼煤壁 40 m 的 8 号测点进行顶板动态下沉量监测，结果如图 8-3 所示。

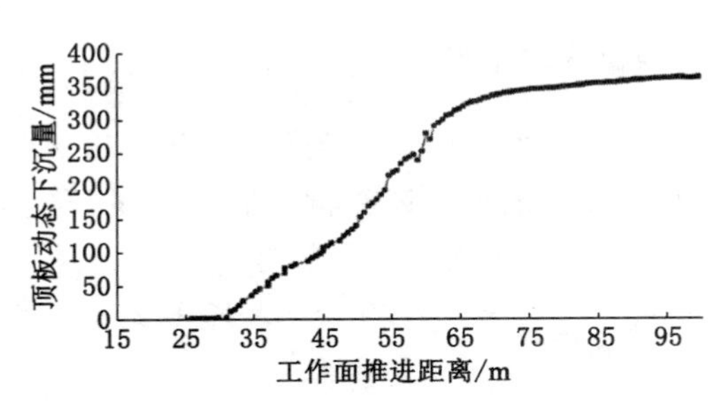

图 8-3 8 号测点顶板动态下沉量实测曲线[103]

由图中可以看出，工作面的推进过程中，充填区顶板动态下沉量不断变化。在工作面推进距离 0～35 m 范围内，围岩变形很小，上覆岩层的大部分载荷被切眼煤柱和工作面前方煤体所承担，少部分由充填体承担，顶板下沉量较小；在距离工作面 30～75 m 范围内，围岩变形逐渐增大，上覆岩层开始发生整体弯曲下沉，受上覆岩层的载荷作用，矸石充填体发生压缩变形，顶板的下沉速度加快；在工作面推进 75 m 以后，前方煤体和支架都距离很远了，但是矸石充填体被逐渐压实，发挥承担上覆岩层载荷的主体作用，顶板的下沉量也由快速增加转为缓慢增加，直至趋于稳定，最大下沉量为 340 mm。

由实测数据与理论计算曲线对比可知：

(1) 理论计算中，顶板下沉运动活跃的区域，即充填体逐步被压实的区域长度为 72 m 左右；实测数据中，顶板动态下沉的主要阶段为工作面推进距离 75 m 范围内，两者基本相同。

(2) 理论计算中，在 $x=80$ m 至 $x=100$ m(即充填区长度 72～92 m)范围内，顶板岩梁的下沉量速度明显减慢，之后趋于稳定；实测数据中，在工作面的推进距离 75～90 m 范围内，顶板的下沉量也为缓慢增加的趋势，两者也基本相同。

(3) 理论计算中，顶板最终的稳定下沉量为 0.40 m 左右；实测数据中，最大下沉值为 0.34 m。理论计算值比实测数据稍大的原因在于：一方面，理论计算中关于岩层和充填体的特性参数都会偏于保守取值；另一方面，实测数据为工作面刚充填开采完毕就进行的测量，顶板运动还没有最终稳定，后期还可能有少许沉降。

8.3　工作面超前应力实测分析

8.3.1　工作面超前应力理论计算结果

根据 13080 充填采煤工作面的地质条件，结合第 5 章得到的工作面超前应力计算式(5-29)至式(5-31)，取矿区煤岩样的密度为 1.32 g/cm^3，弹性模量为 4.64 GPa，泊松比为 0.25，单轴抗压强度为 13.66 MPa[16]，充填区初始充填高度为 3.234 m，可得工作面超前应力分布如图 8-4 所示，图中 $x=0$ m 处为液压支架前方工作面煤壁，x 方向为工作面推进方向，y 方向为煤层高度方向，正方向向下。

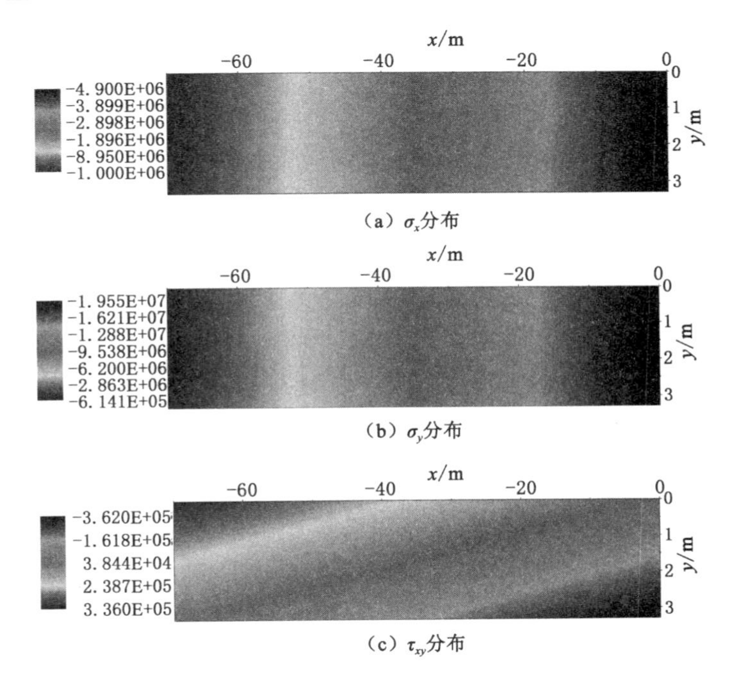

(a) σ_x分布

(b) σ_y分布

(c) τ_{xy}分布

图 8-4　工作面超前应力分布理论计算值

由图中可以看出，工作面前方煤体应力分量 σ_x 和 σ_y 呈现右侧最大、向左逐渐减小的分布规律。剪应力分量 τ_{xy} 则呈现倾斜分布，左上角和右下角的数值最大，方向相反。

根据式(5-37)至式(5-38)及以上应力分量 σ_x、σ_y 及 τ_{xy}，可以计算出最大主应力 σ_1 和最小主应力 σ_3，再代入式(5-36)，可得最大切应力 τ_{max}，分布如图 8-5 所示。

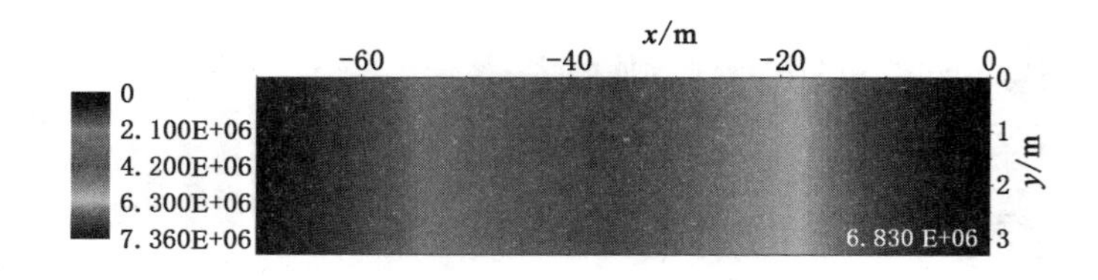

图 8-5　工作面前方煤体 τ_{max} 分布

该矿煤的单轴抗压强度 σ_s 为 13.66 MPa，根据 Tresca 屈服准则，$\tau_{max} \geqslant \sigma_s/2$，即 $\tau_{max} \geqslant 6.83$ MPa 时，煤体出现明显的塑性变形或屈服。在图 8-5 中将 $\tau_{max} = 6.83$ MPa 的等值线画出，其位置在工作面前方 $x=5$ m 的位置附近。这说明工作面前方 5 m 范围内的煤体出现了较明显的塑性变形，该范围内的应力分布不再符合弹性理论计算的结果。

8.3.2　工作面超前应力实测结果

利用钻孔应力计对工作面前方不同深度煤体内的超前支承压力进行动态监测，实测结果如图 8-6 所示。

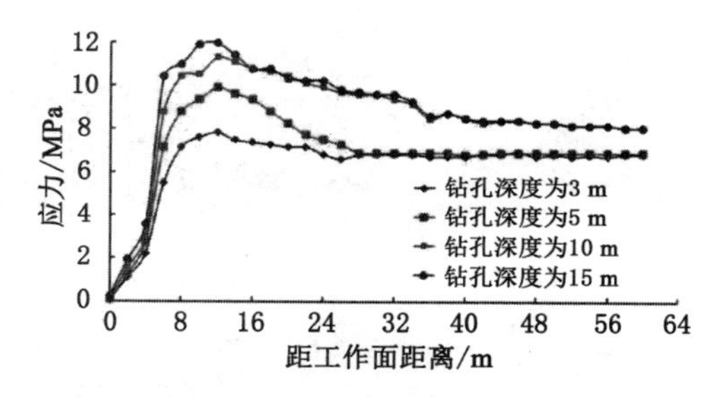

图 8-6　工作面超前应力实测曲线[103]

由图中可以看出，工作面超前应力分布规律大致分为四个阶段：在距离工作面 0～5 m 的范围内，应力值均小于 2 MPa，为低应力区域；在超前工作面 5～15 m 的范围内，煤体内各测点应力值迅速增加，最大应力值为 12.2 MPa；在超前工作面 15～25 m 的范围内，应力值开始降低；在远离工作面 25 m 以外的区域，煤体内应力值逐渐降低，直至接近原岩应力。

由实测数据与理论计算曲线对比可知：

(1) 实测数据中，工作面超前应力峰值出现在距离煤壁 10 m 左右的位置，最大值为 12.2 MPa；理论计算中，在距离煤壁 10 m 位置的竖直方向分量 σ_y 为 13 MPa 左右，两者较为接近。

(2) 实测数据中,工作面前方 0～5 m 的范围内为低应力区域,且越靠近煤壁其应力值越小;理论计算中,工作面前方 5 m 范围内的煤体出现了较明显的塑性变形,其应力值也会在这个区域迅速减小,两者规律也基本相同。

8.4　本章小结

本章根据平煤十二矿的充填开采条件,结合煤岩样的物理力学性质,对充填开采的顶板岩梁变形情况和工作面超前应力分布规律进行了理论计算,并与矿区实测结果进行对比研究,得到以下结论:

(1) 根据第 5 章理论计算得到的顶板岩梁下沉运动活跃区域的范围与矿区实测范围基本相同;顶板的下沉量随工作面推进距离的变化趋势也基本相同;理论计算得到顶板的最终稳定下沉量数值在偏于保守的条件下略大于实测值。

(2) 实测数据中工作面超前应力峰值的数值与位置和理论计算中对应的数值较为接近;实测数据中煤壁附近的低应力区域与理论计算中的塑性变形区域基本相同。工程实践结果表明,本章使用的理论及计算得到的顶板下沉量、工作面超前应力分布等规律具有一定的可靠性,可以用于矸石充填开采条件下的相关分析。

第 9 章　结论与展望

9.1　主要结论

在综合机械化固体充填开采技术体系中，对矸石充填体的力学性质研究和对支架-围岩-充填体的力学关系研究是其重要内容。本书运用试验测试、理论分析、数值模拟和相似材料物理模拟等方法，研究了矸石充填体的宏细观力学性质，并对充填综采过程中的支架-围岩-充填体间的关系展开了系统的研究，主要结论如下：

（1）通过侧限压实试验研究，得到了水和石灰含量不同的矿渣混合料的应力-应变、压实度和变形模量特征。研究发现，应力-应变满足对数关系，适当增加细小颗粒含量或适当添加石灰和水，都有利于提高体系的抗压缩性能。开展了侧限压实蠕变试验，研究破碎矸石压实力学特性的时间效应。研究表明，应变-时间关系可以用函数 $\varepsilon=\frac{a_2}{1+e^{-b_2(t+c_2)}}$ 描述。蠕变过程中主要包含岩块的开裂、棱角破碎、碎块的重组以及由于水的存在而导致的应力腐蚀开裂这四种细观过程。结合 Singh-Mitchell 蠕变模型对蠕变过程进行分析，确定模型参数，得到了适合五种破碎矸石的压实蠕变方程。

（2）建立了离散元计算模型，分别对矿渣混合料的侧限压缩和不同含石率的矸石充填体的双轴特性进行研究，分析其细观力学特征。发现用簇单元颗粒模型模拟矿渣混合料所得的应力-应变曲线更加接近于实际，能很好地再现初始压密阶段和颗粒破碎、结构重组及再次压密的阶段，并对颗粒间互锁、破碎、棱角分离、位置错动和孔隙填充的过程予以真实地反映。含石率较低时，剪切带较为对称；矸石颗粒黏结强度或含石率较大时，峰值强度均较大，峰后软化与涨落的现象也较为明显。随含石率逐渐升高，剪切带形状变得不规则，多数强力链逐渐由在土颗粒中传递转为在石颗粒中传递，且大多沿轴向分布。含石率大于 50% 以后，强力链的贯通性逐渐下降，载荷传递变得越来越不均匀，力链也相应发生倾斜，体系稳定性又趋于下降。在加载初期，体积减小配位数增大，力链形态以环状为主，之后逐渐转变为柱状力链为主。峰值强度以后，石颗粒发生破碎，配位数减小。形成了优势剪切带后，剪切带外的力链仍保持柱状力链，内部力链则发生了明显的弯曲，形成环状力链。

(3) 创建了矸石充填体与充填采煤液压支架夯实机构的相互作用的颗粒流计算模型，分别研究有无振动及不同的振幅和频率情况下，推压板与充填体的相互作用关系。结果表明，在充填支架推压板推压过程中，引入振动机制，能有效减缓推压板的应力增加速度，保证了在相同应力条件下，推压板行进距离更远，进而大大提高充填体的密实性。增大频率或振幅均能增强颗粒体系的流动性和颗粒间孔隙填充，从而迅速将推压板的压力分散到整个体系中，降低推压板应力和孔隙率，提高夯实效果。

(4) 建立了充填综采支架-围岩-充填体力学模型，利用充填体的压实试验规律建立变形模量与地基系数的关系，分别计算了顶板岩梁的下沉量和工作面超前应力分布，并分别讨论了充填区初始充填高度、充填支架推压力和充填支架让压高度的影响，结果发现初始充填高度是控制顶板岩梁各部分的下沉和运移稳定性的决定性因素，对工作面前方煤体的应力分布也有很大影响。初始充填高度越大，充填区和前方煤体区的顶板最终下沉量越小，达到最终的稳定下沉量的距离也越短；支架上方岩梁的下沉都随到煤壁的距离的增大而增大，且基本满足线性关系；前方煤体右上角的最大切应力极值随初始充填高度的增大而明显减小，说明初始充填高度的增大能有效地减小前方煤体的应力集中和发生塑性变形的区域面积。充填采煤液压支架对充填体的推压作用力越大，顶板最终下沉量越小，下沉稳定距离越短，前方煤体的整体应力分布也越小。但是这种控制作用主要体现在 2.0 MPa 以内，超过 2.0 MPa 以后，控制作用就会明显减弱。支架让压高度减小时，前方煤体的水平应力、竖直应力和剪应力的整体数值会稳步下降，发生塑性变形的区域面积也会持续减小。

(5) 基于 Pro/E 和 Ansys Workbench 软件，建立充填采煤液压支架和采场模型，分析充填开采过程中采场覆岩变形和移动规律、矿压显现规律及充填采煤液压支架的应力分布及变化规律。结果表明，充填体初始充填高度对顶板的控制规律和对前方煤体应力的影响规律与理论计算能够很好的吻合。支架顶梁上的应力分布整体上呈现前面小、后面大的规律，且会随充填开采过程发生变化。前顶梁上应力在工作面前方开挖后的状态下最大，后顶梁上应力在支架移架后的状态下最大；充填后，支架前后顶梁的应力均明显减小。支架让压高度越大，应力集中区域的面积和数值都越小。合理选择支架的让压高度，能有效地降低支架的工作阻力。

(6) 在相似材料模拟理论和矸石充填体压实试验结果的基础上，建立了相似模拟试验模型，通过海绵与泡沫的组合体的力学压缩试验与原生矸石充填体压缩曲线对比，确定充填体模型；将液压支架模型放入相似模型中，研究支架的让压高度和初始充填高度对岩层移动及矿压显现的影响。结果表明，初始充填高度对顶板下沉量的影响规律与理论部分相同，试验测量值与理论计算值符合得也非常好。支架让压高度的设置对上覆岩层的整体移动影响不大，但是对直接顶破碎和超前应力的变化有一定的影响。进行让压时，直接顶悬顶距离变长，容易破碎和垮落。同时，超前应力会更加集中，顶板应力变化幅度也会变大。这些结论与理论计算及数值模拟得到的结论吻合得很好。

（7）根据本书建立的充填综采支架-围岩-充填体力学模型，结合平煤十二矿的地质条件，对充填开采的顶板岩梁变形情况和工作面超前应力分布规律进行了理论计算，并与矿区实测结果进行对比研究。结果表明，顶板岩梁下沉运动变化趋势、活跃区域的范围及顶板的最终稳定下沉量均与矿区实测数据基本相同；实测数据中工作面超前应力峰值的数值及位置与理论计算中对应的数值较为接近，实测数据中煤壁附近的低应力区域与理论计算中的塑性变形区域基本相同。

9.2 展望

综合机械化固体充填开采技术中，在工作面前方进行开采的同时，将矸石、废土等固体废弃物密实充填于采空区，实现了采煤与充填的一体化集成，在安全高效开采“三下”压煤、有效控制采空区覆岩移动与地表沉陷的同时，实现了煤炭资源的绿色开采，成为煤炭科学开采技术体系的重要组成部分。本书的研究工作为矸石充填体的压实及蠕变力学特性的机理研究和充填综采支架围岩关系的理论研究进行了有意义的尝试，但在以下几个方面仍有待深入研究：

（1）本书使用颗粒流理论中的簇单元颗粒模型模拟充填体颗粒，进行压实试验。簇单元颗粒模型比圆形颗粒更接近实际，但只使用单一类型的簇单元颗粒模型，仍不能准确地反映实际颗粒的形状的随机性，同时，也没有考虑颗粒强度的随机性。这些都是在今后工作中需要改进的地方。

（2）本书在建立矸石充填体与充填采煤液压支架夯实机构相互作用的颗粒流模型时，考虑了实际情况中推压力的水平方向，但对于其他夯实角度的情况未进行讨论，另外，对于夯实机构的推压面积也做了简化处理。修改计算模型，使数值模拟计算更真实地反映采空区的矸石充填过程，并对各种夯实角度的影响效果展开深入的讨论，是以后工作的一个重点。

参考文献

[1] 中华人民共和国国土资源部.2014 中国矿产资源报告[M].北京:地质出版社,2014.

[2] 中华人民共和国国土资源部.2013 中国矿产资源报告[M].北京:地质出版社,2013.

[3] 中华人民共和国国土资源部.2015 中国矿产资源报告[M].北京:地质出版社,2015.

[4] 钱鸣高,许家林,缪协兴.煤矿绿色开采技术[J].中国矿业大学学报,2003,32(4):343-348.

[5] 钱鸣高,缪协兴,许家林,等.论科学采矿[J].采矿与安全工程学报,2008,25(1):1-10.

[6] 王蕾.煤炭科学开采系统协调度研究及应用[D].北京:中国矿业大学(北京),2015.

[7] 钱鸣高,缪协兴,许家林.资源与环境协调(绿色)开采[J].煤炭学报,2007,32(1):1-7.

[8] 钱鸣高,缪协兴,许家林.资源与环境协调(绿色)开采及其技术体系[J].采矿与安全工程学报,2006,23(1):1-5.

[9] 钱鸣高.煤炭的科学开采[J].煤炭学报,2010,35(4):529-534.

[10] 钱鸣高,许家林.科学采矿的理念与技术框架[J].中国矿业大学学报(社会科学版),2011,13(3):1-7.

[11] 张华兴,郭惟嘉."三下"采煤新技术[M].徐州:中国矿业大学出版社,2008.

[12] 许家林,轩大洋,朱卫兵.充填采煤技术现状与展望[J].采矿技术,2011,11(3):24-30.

[13] 周跃进.难采资源综合机械化固体充填开采适宜性评价研究[D].徐州:中国矿业大学,2012.

[14] 缪协兴,张吉雄,郭广礼.综合机械化固体废物充填采煤方法与技术[M].徐州:中国矿业大学出版社,2010.

[15] 缪协兴,张吉雄,郭广礼.综合机械化固体充填采煤方法与技术研究[J].煤炭学报,2010,35(1):1-6.

[16] 刘展.煤矿矸石压实力学特性及其在充填采煤中的应用[D].徐州:中国矿业大学,2014.

[17] 孙业志,吴爱祥,黎剑华,等.振动场中散体介质波的传播规律[J].矿冶工程,2001,21(2):12-14.

[18] 吴爱祥,古德生.振动场中松散矿石动态特性的研究[J].中南矿冶学院学报,1991(3):242-248.

[19] 吴贤振,戴兴国.振动下细粒散料松散与密实效应研究[J].南方冶金学院学报,2000,21(3):169-173.

[20] 戴兴国.贮矿空间内散体矿岩的压力理论与流动机理的研究[D].长沙:中南工业大学,1990.

[21] MICHAEL C. Geothchnical studies of retreat pillar coal mining at mining at shallow depth[D]. Vancouver:The University of British Columbia,2002.

[22] SINGH K B,SINGH T N. Ground movements over longwall workings in the kamptee coalfield, India [J]. Engineering Geology, 1998, 50 (1): 125-139.

[23] YAO X L,WHITTAKER B N,REDDISH D J. Influence of overburden mass behavioural properties on subsidence limit characteristics[J]. Mining Science and Technology, 1991,13(2):167-173.

[24] 张道珍,陈鼎懿.水砂充填在深部开采中的应用[J].采矿技术,1989,(35):10-12.

[25] 海国治,张春良.水砂充填法采煤工作面实现综合机械化开采的若干问题探讨[J].辽宁工程技术大学学报,1987,6(1):24-30.

[26] 马树元,许迪微.提高水砂充填能力的经验[J].阜新矿业学院学报,1997(6):677-682.

[27] 张新安.关于水砂充填的设计问题[J].煤炭工程,1958(9):25-34.

[28] 刘付高.细砂水砂非胶结充填法的研究与应用[J].采矿技术,2000(12):443-447.

[29] 余斌.水砂充填砂浆制备与输送技术新进展[J].中国矿业,1994,3(6):37-41.

[30] 甘平,宋良泉.浅议充填采煤原理及方法[J].中国新技术新产品,2010(21):158.

[31] BRACKEBUSCH F W, BRACKEBUSCH F W.. Basics of paste backfill systems[J]. International Journal of Rock Mechanics and Mining Sciences & Geomechanics Abstracts, 1995,32(3):122A.

[32] MAINIL P. Contribution to the study of ground movements under the influence of mining operations [J]. International Journal of Rock Mechanics and Mining Sciences & Geomechanics Abstracts, 1965,2(2): 225-243.

[33] DONOVAN J G, KARFAKIS M G. Design of backfilled thin-seam coal pillars using earth pressure theory [J]. Geotechnical and Geological Engineering, 2004, 22(4): 627-642.

[34] NICIEZA C G, ÁLVAREZ FERNÁNDEZ M I, MENÉNDEZ DÍAZ A, et al. The new three-dimensional subsidence influence function denoted by n-k-G[J]. International Journal of Rock Mechanics and Mining Sciences, 2005, 42(3): 372-387.

[35] 解飞翔,徐志远,刘春英. 膏体充填特点及其现状分析[J]. 中小企业管理与科技旬刊, 2009, (22): 296.

[36] 崔建强,孙恒虎,黄玉诚. 建下似膏体充填开采新工艺的探讨[J]. 中国矿业, 2002, 11(5): 34-37.

[37] 胡华,孙恒虎. 矿山充填工艺技术的发展及似膏体充填新技术[J]. 中国矿业, 2001, 10(6): 47-50.

[38] 崔增娣,孙恒虎. 煤矸石凝石似膏体充填材料的制备及其性能[J]. 煤炭学报, 2010, 35(6): 896-899.

[39] 胡华,孙恒虎. 似膏体充填料细粒级过滤脱水工艺试验[J]. 金属矿山, 2002, (2): 54-56.

[40] 黄玉诚,孙恒虎. 尾砂作骨料的似膏体料浆流变特性实验研究[J]. 金属矿山, 2003(6): 8-10.

[41] 赵才智. 煤矿新型膏体充填材料性能及其应用研究[D]. 徐州: 中国矿业大学, 2008.

[42] 周华强,侯朝炯,孙希奎,等. 固体废物膏体充填不迁村采煤[J]. 中国矿业大学学报, 2004, 33(2): 154-158.

[43] 李永元,周华强,秦建云,等. 矸石膏体充填采煤面矿压显现规律[J]. 能源技术与管理, 2009, 34(3): 64-66.

[44] 赵才智,周华强,瞿群迪,等. 膏体充填材料力学性能的初步实验[J]. 中国矿业大学学报, 2004, 33(2): 159-161.

[45] 赵才智,周华强,柏建彪,等. 膏体充填材料强度影响因素分析[J]. 辽宁工程技术大学学报(自然科学版), 2006, 25(6): 904-906.

[46] 郭振华,周华强,武龙飞,等. 膏体充填工作面顶板及地表沉陷过程数值模

拟[J]. 采矿与安全工程学报,2008,25(2):172-175.
[47] 赵才智,周华强,瞿群迪,等. 膏体充填料浆流变性能的实验研究[J]. 煤炭科学技术,2006,34(8):54-56.
[48] 周华强,王俊卓,卢明银,等. 基于膏体充填的煤矿绿色开采激励机制研究[J]. 工业工程,2011,14(6):113-116.
[49] 周华强,全永红,郑保才,等. 膏体充填原材料水分与配比计量误差分析[J]. 采矿与安全工程学报,2007,24(3):270-273.
[50] 陈雪啸,周华强,孔祥辉,等. 承压水下膏体充填开采顶板破断的数值模拟[J]. 煤炭技术,2011,30(4):64-66.
[51] 孙晓光,周华强,王光伟. 固体废物膏体充填岩层控制的数值模拟研究[J]. 采矿与安全工程学报,2007,24(1):117-121.
[52] 李永元,周华强,闫帅. 煤矿矸石膏体充填直接顶的控制[J]. 煤炭工程,2010,42(4):48-50.
[53] 秦剑云,周华强,李永元,等. 条带煤柱中沿空掘巷的可行性与煤柱稳定性研究[J]. 能源技术与管理,2009,34(1):10-11.
[54] 卢央泽. 基于煤矸石似膏体胶结充填法控制下的覆岩移动规律研究[D]. 长沙:中南大学,2006.
[55] 丁德强. 矿山地下采空区膏体充填理论与技术研究[D]. 长沙:中南大学,2007.
[56] 周华强,侯朝炯,易宏伟,等. 国内外高水巷旁充填技术的研究与应用[J]. 矿山压力与顶板管理,1991(4):2-6.
[57] 冯光明,王成真,李凤凯,等. 超高水材料开放式充填开采研究[J]. 采矿与安全工程学报,2010,27(4):453-457.
[58] 冯光明,孙春东,王成真,等. 超高水材料采空区充填方法研究[J]. 煤炭学报,2010,35(12):1963-1968.
[59] 冯光明,丁玉,朱红菊,等. 矿用超高水充填材料及其结构的实验研究[J]. 中国矿业大学学报,2010,39(6):813-819.
[60] 冯光明,王成真,李凤凯,等. 超高水材料袋式充填开采研究[J]. 采矿与安全工程学报,2011,28(4):602-607.
[61] 冯光明. 超高水充填材料及其充填开采技术研究与应用[D]. 徐州:中国矿业大学,2009.
[62] 张吉雄,缪协兴. 煤矿矸石井下处理的研究[J]. 中国矿业大学学报,2006,35(2):197-200.
[63] 张文海,张吉雄,赵计生,等. 矸石充填采煤工艺及配套设备研究[J]. 采矿

与安全工程学报,2007,24(1):79-83.
[64] 张吉雄,缪协兴,茅献彪,等.建筑物下条带开采煤柱矸石置换开采的研究[J].岩石力学与工程学报,2007,26(A01):2687-2693.
[65] ZHANG J X,ZHOU N,HUANG Y L,et al. Impact law of the bulk ratio of backfilling body to overlying strata movement in fully mechanized backfilling mining[J]. Journal of Mining Science,2011,47(1):73.
[66] YANLI H,JIXIONG Z,BAIFU A,et al. Overlying strata movement law in fully mechanized coal mining and backfilling longwall face by similar physical simulation[J]. Journal of Mining Science,2011,47(5):618-627.
[67] ZHANG J X, ZHANG Q, HUANG Y L, et al. Strata movement controlling effect of waste and fly ash backfillings in fully mechanized coal mining with backfilling face[J]. Mining Science and Technology (China), 2011,21(5):721-726.
[68] FENG J,ZHANG J X,HUANG Y L,et al. Waste filling technology under condition of complicated geological condition working face[J]. Procedia Earth and Planetary Science,2009,1(1):1220-1227.
[69] MIAO X X,ZHANG J X,FENG M M. Waste-filling in fully-mechanized coal mining and its application[J]. Journal of China University of Mining and Technology, 2008,18(4):479-482.
[70] 胡炳南.粉煤灰充填对控制岩层移动的理论研究[J].煤矿开采,1991(2):30-32.
[71] 谢文兵,史振凡,陈晓祥,等.部分充填开采围岩活动规律分析[J].中国矿业大学学报,2004,33(2):162-165.
[72] 查剑锋.矸石充填开采沉陷控制基础问题研究[D].徐州:中国矿业大学,2008.
[73] 查剑锋,郭广礼,刘元旭,等.矸石变形非线性及其对岩层移动的影响[J].煤炭学报,2009,34(8):1071-1075.
[74] 查剑锋,吴兵,郭广礼.充填矸石级配特性及其压缩性质试验研究[J].矿业快报,2008(12):40-42.
[75] 刘长友,杨培举,侯朝炯,等.充填开采时上覆岩层的活动规律和稳定性分析[J].中国矿业大学学报,2004,33(2):166-169.
[76] 程艳琴,邱秀梅,王连国,等.充填对围岩控制作用效果的数值模拟研究[J].山东农业大学学报(自然科学版),2006,37(4):637-641.
[77] 李兴尚,许家林,朱卫兵,等.从采充均衡论煤矿部分充填开采模式的选择

[J]. 辽宁工程技术大学学报(自然科学版),2008,27(2):168-171.
[78] 李兴尚. 建筑物下条带开采冒落区注浆充填减沉技术的理论研究[D]. 徐州:中国矿业大学,2008.
[79] 郭爱国. 宽条带充填全柱开采条件下的地表沉陷机理及其影响因素研究[D]. 北京:煤炭科学研究总院,2006.
[80] 缪协兴. 综合机械化固体充填采煤技术研究进展[J]. 煤炭学报,2012,37(8):1247-1255.
[81] 黄艳利,张吉雄,张强,等. 充填体压实率对综合机械化固体充填采煤岩层移动控制作用分析[J]. 采矿与安全工程学报,2012,29(2):162-167.
[82] 张吉雄,吴强,黄艳利,等. 矸石充填综采工作面矿压显现规律[J]. 煤炭学报,2010,35(S1):1-4.
[83] 徐俊明,张吉雄,周楠,等. 综合机械化固体充填采煤等价采高影响因素研究[J]. 中国煤炭,2011(3):66-68.
[84] 黄艳利,张吉雄,张强,等. 综合机械化固体充填采煤原位沿空留巷技术[J]. 煤炭学报,2011,36(10):1624-1628.
[85] 张吉雄,李剑,安泰龙,等. 矸石充填综采覆岩关键层变形特征研究[J]. 煤炭学报,2010,35(3):357-362.
[86] 张吉雄. 矸石直接充填综采岩层移动控制及其应用研究[D]. 徐州:中国矿业大学,2008.
[87] 瞿群迪,姚强岭,李学华. 充填开采控制地表沉陷的空隙量守恒理论及应用研究[J]. 湖南科技大学学报(自然科学版),2010,25(1):8-12.
[88] 瞿群迪,姚强岭,李学华,等. 充填开采控制地表沉陷的关键因素分析[J]. 采矿与安全工程学报,2010,27(4):458-462.
[89] 马占国,范金泉,孙凯,等. 残留煤柱综合机械化固体充填复采采场稳定性分析[J]. 采矿与安全工程学报,2011,28(4):499-504.
[90] 马占国,范金泉,朱发浩,等. 矸石充填巷采等价采高模型探讨[J]. 煤,2010,19(8):1-6.
[91] 马占国,王建斌,苏海,等. 高应力区超高巷采矸石充填采煤技术[J]. 煤炭科技,2007,(4):32-35.
[92] 常庆粮. 膏体充填控制覆岩变形与地表沉陷的理论研究与实践[D]. 徐州:中国矿业大学,2009.
[93] 常庆粮,周华强,柏建彪,等. 膏体充填开采覆岩稳定性研究与实践[J]. 采矿与安全工程学报,2011,28(2):279-282.
[94] 范金泉,马占国,孙凯,等. 薄基岩巷采矸石充填围岩变形特征的数值模拟

[J]. 中国安全生产科学技术,2010,6(3):70-74.
[95] 陈绍杰,郭惟嘉,周辉,等. 条带煤柱膏体充填开采覆岩结构模型及运动规律[J]. 煤炭学报,2011,36(7):1081-1086.
[96] 张华兴,郭爱国. 宽条带充填全柱开采的地表沉陷影响因素研究[J]. 煤炭企业管理,2006(6):56-57.
[97] 刘音,陈静,刘进晓,等. 长壁面膏体充填采场覆岩结构及其运动演化规律[J]. 煤矿开采,2010,15(2):21-24.
[98] 余伟健,王卫军. 矸石充填整体置换"三下"煤柱引起的岩层移动与二次稳定理论[J]. 岩石力学与工程学报,2011,30(1):105-112.
[99] 周振宇,郭广礼,查剑锋,等. 建筑物下矸石充填巷采沉陷控制研究[J]. 煤矿安全,2008,39(8):19-22.
[100] 郭忠平,黄万朋. 矸石倾斜条带充填体参数优化及其稳定性分析[J]. 煤炭学报,2011,36(2):234-238.
[101] 许家林,朱卫兵,王晓振,等. 浅埋煤层覆岩关键层结构分类[J]. 煤炭学报,2009,34(7):865-870.
[102] 朱卫兵. 浅埋近距离煤层重复采动关键层结构失稳机理研究[J]. 煤炭学报,2011,36(6):1065-1066.
[103] 黄艳利. 固体密实充填采煤的矿压控制理论与应用研究[D]. 徐州:中国矿业大学,2012.
[104] 耿敏敏,马占国,潘银光,等. 充填开采含"天窗"薄基岩力学模型[J]. 辽宁工程技术大学学报(自然科学版),2013,32(1):19-23.
[105] 李剑. 含水层下矸石充填采煤覆岩导水裂隙演化机理及控制研究[D]. 徐州:中国矿业大学,2013.
[106] 胡炳南,李宏艳. 煤矿充填体作用数值模拟研究及其机理分析[J]. 煤炭科学技术,2010,38(4):13-16.
[107] 徐俊明,谭辅清,巨峰,等. 六柱支撑式固体充填采煤液压支架结构及工作原理研究[J]. 中国矿业,2011,20(4):101-104.
[108] 唐琨. 充填综采液压支架底座强度分析及其结构优化[D]. 徐州:中国矿业大学,2014.
[109] 王家臣,杨胜利. 固体充填开采支架与围岩关系研究[J]. 煤炭学报,2010,35(11):1821-1826.
[110] 缪协兴. 综合机械化固体充填采煤矿压控制原理与支架受力分析[J]. 中国矿业大学学报,2010,39(06):795-801.
[111] 张国伟,马占国,耿敏敏,等. 充填采煤链式投料系统托盘疲劳分析[J]. 煤

炭科学技术,2011,39(12):84-87.

[112] 周跃进,张吉雄,聂守江,等.充填采煤液压支架受力分析与运动学仿真研究[J].中国矿业大学学报,2012,41(3):366-370.

[113] 张强,张吉雄,吴晓刚,等.固体充填采煤液压支架合理夯实离顶距研究[J].煤炭学报,2013,38(8):1325-1330.

[114] 路兰勇.ZC6000/18/38 型综采充填液压支架关键技术研究[D].北京:中国矿业大学(北京),2013.

[115] REMOND S. Simulation of the compaction of confined mono-sized spherical particles systems under symmetric vibration[J]. Physica A: Statistical Mechanics and its Applications,2003,329(1):127-146.

[116] REMOND S. Compaction of confined mono-sized spherical particle systems under symmetric vibration:a suspension model[J]. Physica A: Statistical Mechanics and its Applications,2004,337(3):411-427.

[117] REMOND S, GALLIAS J L. Simulation of periodic mono-sized hard sphere systems under different vibration conditions and resulting compaction[J]. Physica A: Statistical Mechanics and its Applications, 2006,369(2):545-561.

[118] 吴爱祥,孙业志,黎剑华.饱和散体振动液化的波动机理研究[J].岩石力学与工程学报,2002,21(4):558-562.

[119] 吴爱祥,孙业志,黎剑华.散体流动场中波的传播与振动助流机理[J].中国有色金属学报,2001,11(04):661-665.

[120] 吴爱祥,古德生.散体在振动场作用下的剪切力学模型[J].中南矿冶学院学报,1992(2):136-141.

[121] AN X Z,LI C X,YANG R Y,et al. Experimental study of the packing of mono-sized spheres subjected to one-dimensional vibration[J]. Powder Technology,2009,196(1):50-55.

[122] LI C X,AN X Z,YANG R Y,et al. Experimental study on the packing of uniform spheres under three-dimensional vibration [J]. Powder Technology,2011,208(3):617-622.

[123] WU Y,AN X Z,HUANG F. DEM simulation on packing densification of equal spheres under compression[J]. Materials Research Innovations, 2014,18(sup4):S4-1082-S4-1086.

[124] 王文涛,王俊元,段能全,等.基于离散元的粉料振动密堆积影响因素研究[J].中国陶瓷,2013,49(8):42-45.

[125] 朱纪跃.基于离散单元法的颗粒物质静动力学行为研究[D].兰州:兰州大学,2013.

[126] SOWERS G B, SOWERS G F. Introductory soil mechanics and foundations[J]. Soil Science, 1951,72(5):405.

[127] ATTEWELL P B, TAYLOR R K. Ground movements and their effects onstructures[M]. Guildford:Surrey University Press,1984.

[128] KARFAKIS M G,BOWMAN C H,TOPUZ E. Characterization of coal-mine refuse as backfilling material [J]. Geotechnical & Geological Engineering,1996,14(2):129-150.

[129] 缪协兴,张振南.松散岩块侧压系数的试验研究[J].江苏建筑职业技术学院学报,2001,1(4):15-17.

[130] 李树志,刘金辉.矸石地基承载力及其确定[J].煤炭科学技术,2000,28(3):13-14.

[131] 马占国,浦海,张帆,等.煤矸石压实特性研究[J].矿山压力与顶板管理,2003(1):95-96.

[132] 马占国,肖俊华,武颖利,等.饱和煤矸石的压实特性研究[J].矿山压力与顶板管理,2004,21(1):106-108.

[133] 马占国,郭广礼,陈荣华,等.饱和破碎岩石压实变形特性的试验研究[J].岩石力学与工程学报,2005,24(7):1139-1144.

[134] 马占国,缪协兴,陈占清,等.破碎煤体渗透特性的试验研究[J].岩土力学,2009,30(4):985-988, 996.

[135] 马占国,缪协兴,李兴华,等.破碎页岩渗透特性[J].采矿与安全工程学报,2007,24(3):260-264.

[136] 马占国,天兰,潘银光,等.饱和破碎泥岩蠕变过程中孔隙变化规律的试验研究 [J].岩石力学与工程学报,2009,28(7):1447-1454.

[137] MA Z G, GU R, HUANG Z M, et al. Experimental study on creep behavior of saturated disaggregated sandstone[J]. International Journal of Rock Mechanics and Mining Sciences,2014,66:76-83.

[138] 姜振泉,季梁军,左如松.煤矸石的破碎压密作用机制研究[J].中国矿业大学学报,2001,30(2):139-142.

[139] 李天珍,李玉寿,马占国.破裂岩石非达西渗流的试验研究[J].工程力学,2003,20(4):132-135.

[140] 苗克芳.煤矸石地基工程特性的试验研究[J].黑龙江科技学院学报,2003(2):28-30.

[141] 唐志新,黄乐亭,戴华阳. 采动区煤矸石地基理论研究及实践[J]. 煤炭学报,1999,24(1):43-47.

[142] 唐志新,黄乐亭,滕永海. 煤矸石做为建筑地基的特性分析及实践[J]. 矿山测量,2006(4):76-77.

[143] 刘松玉,邱钰,童立元,等. 煤矸石的强度特征试验研究[J]. 岩石力学与工程学报,2006,25(1):199-205.

[144] 刘松玉,童立元,邱钰,等. 煤矸石颗粒破碎及其对工程力学特性影响研究[J]. 岩土工程学报,2005,27(5):505-510.

[145] 陈中伟,张吉雄,茅献彪,等. 充填黄土压缩蠕变特性与湿陷性试验研究[J]. 地下空间与工程学报,2009,5(1):54-59.

[146] 张振南,缪协兴,葛修润. 松散岩块压实破碎规律的试验研究[J]. 岩石力学与工程学报,2005,24(3):451-455.

[147] 胡炳南,郭爱国. 矸石充填材料压缩仿真实验研究[J]. 煤炭学报,2009,34(8):1076-1080.

[148] 苏承东,顾明,唐旭,等. 煤层顶板破碎岩石压实特征的试验研究[J]. 岩石力学与工程学报,2012,31(1):18-26.

[149] 王明立. 煤矸石压缩试验的颗粒流模拟[J]. 岩石力学与工程学报,2013,32(7):1350-1357.

[150] 刘送永,杜长龙,李建平. 煤截割粒度分布规律的分形特征[J]. 煤炭学报,2009,34(7):977-982.

[151] 刘瑜,周甲伟,杜长龙. 基于分形统计强度理论的煤颗粒冲击破碎概率研究[J]. 固体力学学报,2012,33(6):631-636.

[152] 刘瑜,周甲伟,杜长龙. 煤块冲击破碎粒度分形特征[J]. 振动与冲击,2013,32(3):18-21.

[153] 郑克洪,杜长龙,邱冰静. 煤矸破碎粒度分布规律的分形特征试验研究[J]. 煤炭学报,2013,38(6):1089-1094.

[154] HILLIS S F, SKERMER N A. Large scale testing of rockfill materials [J]. Journal of the Soil Mechanics & Foundations Division, 1967, 93(2): 27-43.

[155] 花俊杰,周伟,常晓林,等. 300 m 级高堆石坝长期变形预测[C]//和谐地球上的水工岩石力学——第三届全国水工岩石力学学术会议论文集,2010:33-38.

[156] 秦尚林. 巨粒土高路堤压实控制与力学性状研究[D]. 武汉:中国科学院武汉岩土力学研究所,2007.

[157] 秦红玉，刘汉龙，高玉峰，等. 粗粒料强度和变形的大型三轴试验研究[J]. 岩土力学，2004，25(10)：1575-1580.

[158] 张少宏，张爱军，陈涛. 堆石料三轴湿化变形特性试验研究[J]. 岩石力学与工程学报，2005，24(S2)：5938-5942.

[159] 程展林，丁红顺，吴良平. 粗粒土试验研究[J]. 岩土工程学报，2007，29(8)：1151-1158.

[160] 徐文杰，胡瑞林. 虎跳峡龙蟠右岸土石混合体粒度分形特征研究[J]. 工程地质学报，2006，14(4)：496-501.

[161] 徐文杰，胡瑞林，曾如意. 水下土石混合体的原位大型水平推剪试验研究[C]//中国科学院地质与地球物理研究所 2006 年论文摘要集，2007：814-818.

[162] 徐文杰，胡瑞林，谭儒蛟. 三维极限平衡法在原位水平推剪试验中的应用[C]//中国科学院地质与地球物理研究所 2006 年论文摘要集，2007：43-47.

[163] 徐文杰，胡瑞林，谭儒蛟，等. 虎跳峡龙蟠右岸土石混合体野外试验研究[J]. 岩石力学与工程学报，2006，25(6)：1270-1277.

[164] XU W J，XU Q，HU R L. Study on the shear strength of soil-rock mixture by large scale direct shear test[J]. International Journal of Rock Mechanics and Mining Sciences，2011，48(8)：1235-1247.

[165] OYANGUREN P R，NICIEZA C G，FERNÁNDEZ M I Á，et al. Stability analysis of Llerin Rockfill Dam：an in situ direct shear test[J]. Engineering Geology，2008，100(3/4)：120-130.

[166] 傅华，李国英. 堆石料与基岩面直剪试验[J]. 水利水运工程学报，2003(4)：37-40.

[167] 陈生水，关秉洪. 堆石料与基岩面间抗剪强度试验研究[J]. 岩土工程学报，1999，21(5)：621-624.

[168] 李翀，何昌荣，王琛，等. 粗粒料大型三轴试验的尺寸效应研究[J]. 岩土力学，2008，29(z1)：563-566.

[169] 杨光，孙江龙，于玉贞，等. 偏应力和球应力往返作用下粗粒料的变形特性[J]. 清华大学学报(自然科学版)，2009，49(6)：838-841.

[170] 杨光，孙江龙，于玉贞，等. 循环荷载作用下粗粒料变形特性的试验研究[J]. 水力发电学报，2010，29(4)：154-159.

[171] 杨光，孙逊，于玉贞，等. 不同应力路径下粗粒料力学特性试验研究[J]. 岩土力学，2010，31(4)：1118-1122.

[172] 杨光,张丙印,于玉贞,等.不同应力路径下粗粒料的颗粒破碎试验研究[J].水利学报,2010,41(3):338-342.

[173] 胡黎明,马杰,张丙印,等.粗粒料与结构物接触面力学特性缩尺效应[J].清华大学学报(自然科学版),2007,47(3):327-330.

[174] 花俊杰,周伟,常晓林,等.堆石体应力变形的尺寸效应研究[J].岩石力学与工程学报,2010,29(2):328-335.

[175] 王继庄.粗粒料的变形特性和缩尺效应[J].岩土工程学报,1994,16(4):89-95.

[176] 翁厚洋,朱俊高,余挺,等.粗粒料缩尺效应研究现状与趋势[J].河海大学学报(自然科学版),2009,37(4):425-429.

[177] 杨贵,刘汉龙,陈育民,等.堆石料动力变形特性的尺寸效应研究[J].水力发电学报,2009,28(5):121-126.

[178] 朱俊高,翁厚洋,吴晓铭,等.粗粒料级配缩尺后压实密度试验研究[J].岩土力学,2010,31(8):2394-2398.

[179] 刘萌成,高玉峰,刘汉龙,等.堆石料变形与强度特性的大型三轴试验研究[J].岩石力学与工程学报,2003,22(7):1104-1111.

[180] 刘萌成,高玉峰,刘汉龙.堆石料剪胀特性大型三轴试验研究[J].岩土工程学报,2008,30(2):205-211.

[181] 高玉峰,张兵,刘伟,等.堆石料颗粒破碎特征的大型三轴试验研究[J].岩土力学,2009,30(5):1237-1240.

[182] 魏松,朱俊高,钱七虎,等.粗粒料颗粒破碎三轴试验研究[J].岩土工程学报,2009,31(4):533-538.

[183] 董威信,孙书伟,于玉贞,等.堆石料动力特性大型三轴试验研究[C]//第十届海峡两岸隧道与地下工程学术及技术研讨会, 2011.

[184] 王琛,詹传妮.堆石料的三轴松弛试验[J].四川大学学报(工程科学版),2011,43(1):27-30.

[185] SINGH A, MITCHELL J K. General stress-strain-time function for soils[J]. Journal of Terramechanics, 1968,5(2):78.

[186] POTYONDY D O,CUNDALL P A. A bonded-particle model for rock [J]. International Journal of Rock Mechanics and Mining Sciences, 2004,41(8):1329-1364.

[187] CUNDALL P,STRACK O D. A discrete numerical model for granular assemblies[J]. Geotechnique,1979,29(1):47-65.

[188] HERTEN M,PULSFORT M. Determination of spatial earth pressure on

circular shaft constructions[J]. Granular Matter,1999,2(1):1-7.

[189] PULS M, PULSFORT M, WALZ B. Application of the PFC3D for determination of soil properties and simulation of the excavation process in front of sheet pile wall constructions[C]// Proceedings of the 2nd International PFC Symposium. Kyoto: Taylor & Francis Group,2004: 35-44.

[190] SAKAKIBARA T, UJIHIRA M, SUZUKI K. Numerical study on the cause of a slope failure at a gravel pit Using pfc and flac[C]// Numerical Modeling in Micromechnics Via Particle Methods. Kyoto: Taylor & Francis Group,2004:51-55.

[191] WOERDEN F T, ACHMUS M, ABDEL-RAHMAN K. Finite element and discrete element modeling for the solution of spatial active earth pressure problems[C]// Numerical Modeling in Micromechnics Via Particle Methods. Kyoto:Taylor & Francis Group,2004:45-50.

[192] PIERCE M E, CUNDALL A, LORIG L, et al. PFC3D modeling of caved rock under draw[C]// Proceedings of the 1st International PFC Symposium. Gelsenkirchen: The Chemieal Rubber Company Press, 2002:211-217.

[193] CUNDALL P A. Numerical modeling of jointed and faulted rock[C]// Mechanics of Jointed and Faulted Rock, 1990:11-18.

[194] GROUP I C. User's manual: PFC2D-particle flow code in 2dimensions [M]. Minneapolis:Itasca Consulting Group Inc. ,2004.

[195] 姜振泉,赵道辉.煤矸石固结压密性与颗粒级配缺陷关系研究[J].中国矿业大学学报,1999,28(3):212-216.

[196] ZHANG G, ZHANG J M. Experimental study on monotonic behavior of interface between soil andstructure[J]. Chinese Jonual of Geotechnical Engineering,2004,26(1):21-25.

[197] 马占国,黄志敏,范金泉,等.露天矿渣混合料压实特性试验研究[J].中国煤炭,2012(7):36-38.

[198] CHENG Y P,NAKATA Y,BOLTON M D. Discrete element simulation of crushable soil[J]. Géotechnique, 2003,53(7):633-641.

[199] 孙其诚,金峰,王光谦,等.二维颗粒体系单轴压缩形成的力链结构[J].物理学报,2010,59(1):30-37.

[200] 毕忠伟,孙其诚,刘建国,等.双轴压缩下颗粒物质剪切带的形成与发展

[J].物理学报,2011,60(3):366-375.

[201] 缪协兴,张吉雄.井下煤矸分离与综合机械化固体充填采煤技术[J].煤炭学报,2014,39(8):1424-1433.

[202] 金建交,杨世春,何根旺,等.砌块成型机的振动对砌块密实度的影响[J].机械工程与自动化,2006(1):49-52.

[203] 王磊.固体密实充填开采岩层移动机理及变形预测研究[D].徐州:中国矿业大学,2012.

[204] DEVIPRASAD T, KESAVADAS T. Virtual prototyping of assembly components using process modeling [J]. Journal of Manufacturing Systems,2003,22(1):16-27.

[205] 刘晓倩.基于虚拟样机的液压支架试验主机设计与研究[D].泰安:山东科技大学,2011.